SHIBUYA!
ハーバード大学院生が10年後の渋谷を考える

ハーバード大学デザイン大学院／太田佳代子 著

渋谷
×
ハーバード

CCCメディアハウス

序文

ハーバード大学デザイン大学院（ＧＳＤ）は長期にわたり日本との関係を築いてきたことに、揺るぎない誇りを持っている。槇文彦氏、谷口吉生氏といった卓越した建築家を輩出し、故・丹下健三氏の歴史的アーカイブを管理し、ケンゾー・タンゲの名を冠した教授のポジションを置いている。他にも鹿島プロフェッサーなど、日本の企業やビジネスリーダーの支援によって設けられた名誉ある教授職やフェローシップが多数ある。

近年、ＧＳＤは「スタジオ・アブロード」というプログラムを開始した。これは大学院生たちがまるまる一学期をアメリカ国外で過ごし、その国の代表的な建築家から指導を受けるとともに、広範囲のテーマのセミナーを受講するというものである。都市・建築のありように関わる社会のさまざまな状況について間近で学ぶ、という得難い経験を学生たちにしてもらうのが、スタジオ・アブロードの趣旨である。このＧＳＤスタジオ・アブロードは日本でもすでに何年か続いており、世界的な建築家である伊東豊雄氏や藤本壮介氏が指導にあたるとともに、竹中工務店の寛大な支援を受けている。また同時に、他の数多くの教育機関や企業と協働しながら、建築・ランドスケープ・都市をテーマとした研究をスタジオ形式で行っている。

さらにスタジオ・アブロードは、太田佳代子氏、金田充弘氏、ケン・タダシ・オオシマ氏、小渕祐介氏の講師陣が行ってきたセミナーやワークショップによって、内容を充実させてきた。太田氏が担当するセミナーは、日本の現代都市のありように作用する多様な力に焦点を当てている。ＧＳＤの学生たちにとって、未来に向かう都市の変貌にさまざまなかたちで関わる人々に直接接しながら、学ぶことができたのは貴重であった。そうした過程で学生たちがどんな洞察をしたか、東京そして渋谷という都市の状況やそこに暮らす人々をどのように理解したか――本書によってそのことを日本の読者にお伝えできれば幸いである。

モイセン・モスタファヴィ　ハーバード大学デザイン大学院長

プロローグ

ハーバードと渋谷

ビギナーの直感力

二〇一六年九月、夏の熱気が残る渋谷のスクランブル交差点。アメリカからやってきた十二人の大学院生が、ここで街の観察を開始した。ほとんどが日本は初めてだ。だが全員、建築、都市、ランドスケープをデザインするための高度な専門教育を受けている最中で、都市空間のありように関するアンテナ能力は高い。

ハーバード大学のデザインスクール、つまり大学院設計科（ＧＳＤ）に通う十二人は、建築・都市の専門知識はあるが日本に対する知識は乏しい。渋谷の街を観察するというミッションは、ある種、免疫力が低い状態を逆手にとって渋谷の街を見、歩き、自分の素直な驚きや気づきや違和感といった症状をもとに、独自の考察や提案に役立てるというものだった。

「東京セミナー」と題したこのプログラムは、ハーバードＧＳＤの「スタジオ・アブロード（Studio Abroad）」の一環として行われた。スタジオ・アブロードというのは、外国の都市で一学期を過ごしながら、その都市に住む建築家やエキスパートの授業を受けるというプログラムだ。日本では二〇一二年以来、伊東豊雄氏他が講師を務めている。

観察は一人一人自主的に進め、自らの体験を記録していく。一方、ゲストレクチャーやディスカッションを通して、大きく変わろうとしている渋谷のディテールを理解していくとともに、現在進行形の渋谷駅周辺整備地域の再開発がこの街に与えるインパクトを、さまざまな角度から掘り下げる。そして最後は、街の未来が豊かなものになるために、自分ならどんなことを提案したいか、できるだけ現実的なアイデアをプロポーザルとしてまとめる。

日本の都市はほぼ未経験という学生たちが、秋学期の三ヶ月を東京で暮らす。これは彼らにとってはまたとないチャンスである。自分が日本で暮らし始めて得る経験が、授業の中で即座に生かされていく。渋谷をテーマとした東京セミナーでは、半ばジャーナリストのように渋谷の現状に向き合い、見るアングルを変え、理解を深め、アイデアを考えていくという、いわば理想的なデザイン提案のシミュレーションを彼らは体験した。ビギナーの直感力を生かしながら、洞察を深めていったのである。

学生たちの置かれたシチュエーションを利用して展開された体験型授業。彼らは多くのことを学んだが、そのアウトプットとして書き表した街の見方や提案には、日本に暮らす人間にとっても有益になりそうなものが多く含まれていた。

日本に限らず、どこに住んでいても、自分の国の都市《まち》の空間的な特徴、素晴らしさ、特異さ、矛盾、といったものを客観的に捉えるのは難しい。自分自身に対してのそれと同じだ。むろん、客観性というものも相対的であることを免れないが、他者、あるいは外から来た人々が捉えた印象や見方が、ふだん気づかなかったことに目を開かせてくれる、ということはよくある。他者の視線には他者の価値観も反映されているのだが、それも含めて自分の、あるいは自国の都市のアイデンティティをどのように捉え、より豊かにしていくかを考える貴重な情報にすることは可能だ。

というわけで、東京セミナーで十二人の大学院生が渋谷の街を見て歩いた観察と提案のうち、特に優れていたもの、あるいは視点が面白いものを五つ選び、ここに紹介した。彼らの観察と提案には、日本に暮らす人々にも生産的な思考回路を開いてくれそうな洞察と批評がたくさん織込まれている。それは、渋谷ないし日本の都市に対して持つ私たちの感度を強め、広げていく触媒になり得るのではないかと思う。

ここに紹介した提案の中には、日本に住む人間にとっては「あり得ない」と思わせる発想や奇想天外に見える考え方もあるかもしれない。また、再開発によって、二〇一六年秋の状況から現状はすでに変化しているので、指摘が当たらなくなっている部分もある。だが、そんな提案や指摘を生み出した背景への洞察にこそ、渋谷の街の持つ本質と論点が潜んでいる。少し射程を長くして読み進めてもらえれば有難い。

都市の変化に、バーチャルに参加する

渋谷駅とそのまわりのエリアの再開発が、二〇二七年の完成を目指して進められている。二〇一三年に東急東横線と副都心線の直通工事が始まって以来、駅のまわりは永遠に続くかのような巨大工事現場と化した。

「百年に一度」というフレーズが枕詞のようになっている駅周辺地域の再開発事業は、いくつかの点で異例だ。スケールの大きさ。関わっている事業主体の多さ。街のアイデンティティや性格そのものをシフトしようという、自治体と事業主体者の長期的なビジョン。さらに、都市計画、土木設計、建築設計の連動が求められるスケールであることから、「渋谷駅中心地区デザイン会議［★1］」という調整機関が設けられたことも、再開発のプロセスとしてはユニークだ。政府の都市再生緊急整備地域の指定を受けた新機軸の再開発ということで、旧態依然とした発想と革新性を目指した試みとが渾然一体となった状態で突き進んでいるように思える。

一方、そうした再開発の現実から独立して、この都市空間が持つ特徴を観察し、どのような可能性が潜在的にあるのかについて考えることには、格別の意義があると思われる。例えば、空き地となった場所に立ち、その場の力、まわりの状況との関係を読み解きながら、そこに何をどう置くかを自由に空想することが、今ならできるわけだ。

建築や都市をテーマとする教育現場では、現実の社会的課題の本質を理解し、それをどうやって解決するかを探っていくことが大枠として求められていると言えるだろう。しかし教育現場と

★1　国際的な観光文化都市の「顔」を形成するための質の高いデザインを誘導する組織。学識経験者と地元有識者から成る。

いうものには、社会的課題に向き合う一つの方法として、実際のなりゆきとか計画といったものに縛られずに自由な空想をしてみる、という特権もあると私は考えている。あなたが本当の建築家だとして、この街の未来図を思う存分描いてほしい、それを実現しよう、と言われたとする。ただし、すでに決まっている計画も実現されるという前提で、だ。そこで追求すべき自分の理想は何か？　それをどう実現するのかを空想するわけだ。

ＧＳＤの東京セミナーで、渋谷の観察と提案のプロジェクトを実践したのは、このような考えからだった。なにしろ、考えるだけなら自由だ。建築的、空間的な想像力、思考力を駆使しつつ、渋谷という都市空間の現実の変化に真剣に参加する気持ちで授業は進む。学生たちは、渋谷の街や再開発の何に着目し、それをどう守り、あるいは変化させ、どんな未来を設定すべきかを議論する。そこにはどんなファクターがどう関わっているのかをリサーチし、批評的な視点を持ちながら自分のポジションを固めていき、リアリティのあるシナリオを描く。実際、この一連のエクササイズから、現実に議論する価値があると思われる指摘や提案が次々と出てきた。そしてその多くは、日本ではまだ一般的にあまり論じられていないものだった。

渋谷から都市の未来を考える

渋谷の都市再開発にかかわる社会的論点とは何だろう？　都市の変化にバーチャルに参加する学生たちが問いかけるべき課題とは？

★2　渋谷区が設定した「渋谷駅中心地区まちづくりガイドライン2007」では「発信力・求心力の相対的低下、文化の若年層化」がこの地域の課題とされている。例えば、「センター街を中心にほとんどが若者に占拠されている印象が強く、大人（特に高齢者）が近寄りがたい雰囲気がある」（渋谷区「渋谷駅周辺整備ガイドプラン21」2001年）といった問題意識もその背景にあると思われる。

まず、二〇〇四年から一転して下降線を辿り始めた東京の人口構造と再開発は、どう連動していくのか？　減速する日本経済を活性化する役目も、渋谷の都市再開発は担っている。だが例えば、生産人口も減っていくこの先、渋谷の再開発で大量に生み出されるオフィスは維持できるのだろうか？　それは周辺のエリアや東京全体にどんなインパクトを与えるのか？

人口の高齢化もある。従来、若者の街としてアイデンティティを築いてきた街は今、もう少し上の年齢層を取り込もうとしている［★2］。通信技術が発達したこと、東京の近郊にも渋谷に負けないショッピング施設が増えたことなどから、渋谷の若者離れが進んでいると言われる。だが、かつて若者のサブカルチャー的発信力を自然発生させた街の力を、経済的な理由で見捨てることにはならないのだろうか？　逆に、その発信力を再生させようという試みがあってもいいのではないか？

国際化はどうだろう？　インバウンドの急増で渋谷も国際色豊かな街になった。今や渋谷を活気づけているのは外国人観光客だと言ってもいいくらいだ。だが、彼ら新しいマイノリティへの配慮はどうだろう？　渋谷区は多様性をモットーに掲げ、ＬＧＢＴのための画期的なアクションを取っている。多様性を都市空間として実現するには、具体的にどうすればよいのだろう？

公共スペースの問題もある。渋谷の再開発では、官民連携による渋谷駅前エリアマネジメント協議会が、これから大きく変貌していく渋谷の魅力づくりに取り組んでいるというが［★3］、公共スペースの使い方に対するポリシーを持っているのかどうかは不明だ。再開発によって、超高層ビ

★3　渋谷区「渋谷駅周辺まちづくりビジョン」2016年。

ルのまわり、ビルとビルの間、そしてビルの内部にさまざまなオープンスペースが生まれる。しかし、民間資本のリードで生まれるこうしたスペースは、純粋に公共性を持ち得るのだろうか？

地形の高低差はどうか？　渋谷の地理的特徴と都市の利便性は、両立させることができるのだろうか？

これらはＧＳＤの学生たちが実際に取り組んだ課題であると同時に、東京に住む私たち自身が日頃、議論していてよい話でもある。むしろ、そういう議論を成立させる都市環境リテラシーのようなものが、都市の大変身を成功させるためには不可欠だという認識が求められているのではないかと思う。

都市の経済も人口も縮小していくという二十一世紀の新しいパラダイムの中で、あらゆるものが価値観の転換を迫られている。渋谷で行われている再開発事業は、未曾有の実験として、このパラダイムシフトに呼応していくことができるだろうか？　今後このことに注目していきたいと思う。

再開発によって都市空間がより豊かなものになるためには、多くの試行錯誤を要するだろう。すでに成果が見え始めている試行の一つは、都市計画、土木、建築のデザインが一体となって駅のまわりの空間を再編していることだ。その経験はこれからの都市再開発において、広く共有される価値があるのではないかと思う。さらに必要なのは、都市の変化によって何が得られ、何が失われるのかについて、広く議論されることではないかと思う。

デザイン思考のエクササイズが必要だ。本書はその一つの教材と考えてもらえればよい。渋谷の未来をめぐるコミュニケーションが、人々の会話の中でもメディアの中でも起こるようになれば、渋谷の未来は明るい！　と私は思う。

もくじ

第2章 新しい働き方を触発する都市《まち》

第3章 都市空間を立体的に楽しむ

第4章 エフェメラが多発する都市《まち》

第5章 都市空間を妄想する

JR山手線
渋谷
キャスト
原宿方面
表参道方面
明治通り
宮下公園
西武百貨店
青山通り
宮益坂
東京メトロ半蔵門線
東京メトロ銀座線
スクランブル
交差点
センター街
渋谷
マークシティ
ハチ公
渋谷
ヒカリエ
歩行者ブリッジ
スカイブリッジ
東急百貨店東横店
東口
エリア
首都高速3号渋谷線
渋谷駅
渋谷
スクランブル
スクエア
渋谷警察署
道玄坂
一丁目
駅前地区
渋谷
ストリーム
渋谷駅
桜丘口
地区
渋谷川
明治通り
渋谷区文化総合センター
大和田
東急東横線
恵比寿方面
渋谷ブリッジ
代官山方面

再開発エリア
歩道橋／歩行者ブリッジ／スカイブリッジ（建設予定も含む）
アーバンコア（建設予定も含む）
ハーバード大学院生が注目した場所
アリス・アームストロング（第1章）
エミリー・ブレア（第2章）
フィリップ・プーン（第3章）
ローラ・フェイス・ブテラ（第4章）
レアンドロ・コウト・デ・アルメイダ（第5章）
東急ハンズ
パル
スペイン坂
井の頭通り
Bunkamura
東急百貨店本店
文化村通り
SHIBUYA109
道玄坂
京王井の頭線渋谷駅
京王井の頭線
神泉駅
東急田園都市線
南平台プロジェクト
国道246号

TSUTAYA

サロンパス
RED DEAD REDEMPTION II
もんじゃ
FRUITS&PARLOR 西村
三千里薬品
DHC Channel
DHC
歩行喫煙禁止
Euphoria
クスリ
大盛堂書店
カラオケ
ALVARK
写真提供：ピクスタ

写真提供：ピクスタ

執筆者
各章　はじめに＋考察、プロローグ、エピローグ：太田佳代子
各章　観察と提案：ハーバード大学デザイン大学院生

第1章
二つの世界が同居する都《ま》市《ち》

渋谷の街　撮影：Alice Armstrong

はじめに

巨大再開発とストリート空間

渋谷は二つの世界が同居する街だ。二つの世界とは、東急・西武に代表される大資本の世界が一つ、そしてそれとは対照的な路上空間《ストリート》の世界が一つ。この両方がつねに共存しながら街を突き動かしてきた――それが渋谷の本質的な特徴だと思う。

いまや渋谷には「若者の街」というイメージが定着している。そうなった理由は一九八〇〜九〇年代を通してここにユースカルチャーが育ったからだろう。渋谷のストリートを背景におカネのない若者がセンスと想像力を駆使してファッション、音楽、ダンスなど、新しい文化のトレンドを作り出し、それが世の中に発信されていった[★1]。

でもその背後には、大資本が未来を先取りするかのように作り出した様々なハコモノ、つまり西武系ならWAVE、ロフト、クアトロ、東急系なら東急ハンズ、渋谷109といった市場経済によって生み出された文化の震源地があったことも重要だ。ハコモノの存在やマーケティングが、ユースカルチャーに直接・間接の影響を与えてきたのである。

★1　渋谷の文化論は吉見俊哉以降、社会学者の間でも議論が行われてきた。北田暁大は、西武・セゾングループに牽引された渋谷の都市文化はインターネットが社会に浸透したことや都心の外でも商業施設が発達したことで急速に弱まったとする一方、南後由和は渋谷を舞台にネットを介した新しいコミュニケーションが生まれているのではと洞察する。

二つの世界はふつう互いに相容れないように思えるけれど、渋谷の街では二者の間に植物の共生関係のようなものがある。大資本とそれに追従する市場は先手先手でここにシナリオを仕掛けていく。巨大な投資を行い、さまざまなメディアを動員してメッセージを発信し、消費者の欲望をあおる。若者たちはそんなことが起こっている街の中で、力強く自分たちの世界観を表現する［★2］。路上からズームアウトして渋谷の街をマクロ的に見ると、そこでは二つの別世界がいつも同居し、互いを肥やしにしながら繁栄してきたのである。

例を挙げよう。例えば、一九九〇年代に登場した渋谷系の音楽。渋谷で生まれたユースカルチャーの代表と言ってよいこの音楽トレンドがどのように誕生したかというと、細かくみれば諸説あるようなのだが、どうやらＨＭＶ渋谷店やＷＡＶＥ、タワーレコードといった、マニアックな品揃えをする宇田川町界隈のＣＤショップが八〇年代に登場し、そこに通うアーティストたちが作り出す音楽に独特の兆候が出始めた、というのが共通した認識のようだ。

ＷＡＶＥはセゾングループ、つまり西武系のショップだったし、ＨＭＶやタワーレコードといった通《つう》好みのレコードショップも東急ハンズの近くに登場した、音楽の震源地だった。西武系、東急系の大資本の投資にけん引されて生まれた宇田川町界隈のエリアに、ユースカルチャーが自然に根を下ろした、と言えるだろう。

渋カジ［★3］がセンター街に登場したのが一九八〇年代半ば。ガングロ、ヤマンバ［★4］と呼ばれた野生的な女の子たちが同じセンター街を闊歩したのが九〇年代後期。彼女たちの拠点となっ

★2　1980年代から日本のストリートカルチャーをドキュメントしてきた都築響一は、「通信技術の進歩により（中略）これからのストリートシーンは“原宿”や“渋谷”といった限定された場所から生まれるものではなくなるはず」「あらゆる場所に広がって、より個人的、局所的なものになるような気がして」いると指摘する。（LEONウェブ版、2018年9月15日）

たのが渋谷109で、建物じゅうにぎっしり詰まったさまざまなブティックの中に、最先端でワイルドでカワイイ洋服がぎっしりとディスプレイされ、強烈な圧を放っていた。これは東急系のブティック・コンプレックスだ。

一九七三年、渋谷の公園通りでセンセーショナルに開業したブティック・コンプレックスの先駆け、パルコは、一九八〇年から渋谷の路上で定点観測を始め、観察したファッションやふるまいのトレンドリサーチを「アクロス」という雑誌で公開するとともに、全国展開するパルコの戦略づくりに役立てている。「アクロス」の編集長、高野公三子《くみこ》氏によれば、今もこの定点観測と分析の公表を続けているという。

こうして東急系と西武系の大資本をベースに、渋谷の街は若者をターゲットとした独特の舞台を開発してきた。そしてそれ以来、「装置」と「発信者」の二つの世界が、一種の共生関係をいろいろなかたちで発展させていった、と捉えることができると思う。

渋谷の奇跡

さて、ハーバード大学院のプログラムの課題は渋谷の街を観察し、その分析を通して未来につなげる提案を考えてみよう、というものだった。建築専攻のアリス・アームストロングの観察が素晴らしかったのは、渋谷でこの二つの世界がいろいろなかたちで同居していることに気がついた点だ。その気づきをきっかけに、彼女は街のなりたちを冷静に分析していった。その描写だけ

★3 ブレザーやポロシャツといったアメリカン・カジュアルのアイテムに身を包み、渋谷のセンター街界隈にたむろした若者の集団、おもに高校生。DCブランドに反発した動きだったとも言われる。

★4 顔はまっ黒(日焼けかファンデーション)、髪は金髪やオレンジ、足には厚底のブーツなど、強烈なビジュアルで自己表現したギャル族の一派。

でも、日本に住む人間がふだん気づかないことを気づかせてくれるはずだ。

街の分析を通してアリスは興味深い提案をするのだが、その動機になっているのは、渋谷駅周辺で行われている巨大な都市再開発に対するちょっとした狼狽である。大資本の力が集中しすぎて、二つの世界の均衡が消えてしまうのではないか——そう危惧しつつ、しかし彼女はそれを前向きな提案に変えた。ならば、巨大な力に拮抗する新しい力を作り出せばいいじゃないかと。

アメリカ有数のオフィスを抱える超高層ビルが林立するマンハッタンの五番街に、ハイエンドな企業文化とは無関係のストリートカルチャーが息づいている場所があるだろうか。ロンドンのシティはどうだろう。再開発によって渋谷の街がそうしたオフィシャルな超現代都市の姿に近づいたとき、ストリートカルチャーもまだ元気だったとしたら！

世界的にみても奇跡のような状況を作り出すには、そうなるための力強いビジョンと戦略を持つところから始めなくてはならない。

観察と提案

渋谷ステージ――表現する人と眺める人の場所

アリス・アームストロング

観察

フラットにされた光景

ＪＲ渋谷駅から渋谷マークシティのショッピング街まで、長い歩行者ブリッジが続いている。このブリッジから渋谷スクランブル交差点を見下ろすと、巨大な金魚鉢の中にいるかのような感覚にとらわれる。分厚いガラス板の向こうには、今や東京を象徴するアイコンともなった有名なシーンが見えるのだが……。

そのシーンは、都市の日常が突然、目を奪うような光景《スペクタクル》に変わり、やがて消えていくという、見たことのない現象である。うわ、しっかり見たい！　という衝動に駆られるものの、どうもこの場所にいるとその衝動は何かにかき消されてしまう。金魚鉢は、地上よりもっと高い位置にある、快適に空調された歩行者通路の一部だ。スクランブル交差点の目を見張る動きも、ここから

通過する人と体験する人　撮影：Leandro Couto de Almeida

見るといかにも平板である。それは五〇メートル先の出来事かもしれないし、五千マイル先なのかもしれない。

特別の光景が目の前で繰り広げられているというのに、渋谷マークシティとJR渋谷駅をつなぐ通路を設計した人はどうもそのことには無頓着だったらしい。歩行者はとびきりの見物ができるかもしれない場所にいるのに、実際に目に入るのはパッケージに包まれた光景であり、衝撃（っぽいもの）はそのうち駅構内やショッピング街の日常空間の中に吸収されていくのである。

一方、JR渋谷駅の反対側では、歩道橋があらゆる方向に飛び出し、広大な工事現場を覆っている［★5］。まるで、三次元バージョンのスクランブル交差点が広がっているかのようだ。さまざまな方向に広がる歩道橋の

★5　2016年当時。

「金魚鉢」から見下ろす渋谷スクランブル交差点　撮影：Leandro Couto de Almeida

JR渋谷駅東口の出口——歩道橋と高速道路が立体的に広がる（2016年当時）

ネットワークが、上と下の高速道路にサンドイッチされているのだ。だが、本来ならダイナミックに感じられるであろうこの都市的光景も、実際にはいろいろなもので視界が遮られているために、これまた面白味を半減させている。

渋谷の街を歩くと、さまざまなものが入り乱れるこうした瞬間が、さまざまな場所に繰り返し訪れる。ところが、渋谷には通過するだけの人もいれば、そういう瞬間を体験しようとやって来る人もいる。同じ場所を歩きながら、二者はまったく違った経験をしているのだと思う。対照的とも言えるその経験の違いは、渋谷の街がどのようにして作り出され、今日ある姿になったかにも関係しているように思う。

デザインされた空間とテリトリー化された空間

ＪＲ渋谷駅から渋谷マークシティ、あるいは渋谷ヒカリエへと続く歩行者通路は、いわば公共の利益を提供する官（自治体）と民（私鉄などの企業）が、高度な組織化を通して作り出したものであり、利用者にとっての最善の意思を象徴している。一方、通路の眼下に広がる状況は、それとは対照的なグループに属するものと言えるだろう。歩行者という不特定多数の人々が、いつのまにか場所の意味やそこでのふるまい方を決めていき、一種のテリトリー、なわばりになった状態である。つまり、前者が「デザインされた空間」だとすれば、後者は「テリトリー化された空間」と呼ぶことができる。

注目したいのは、「デザインされた空間」と「テリトリー化された空間」との間に、ねじれた関係が生まれる場合もあるということだ。そもそも歩行者通路には、テリトリー化されないようデザインされた側面もあるだろう。しかし、例えば歩行者通路の下になった路上には、隅っこの陰になった空間とか、横断歩道とか、ビルのまわりの曖昧な空間といったものが散らばっている。それらはあらたにテリトリー化されて、デザインの意図を超えた、生き生きとした光景をはぐくむ力を持ち得る。そこを発見したパフォーマーたちに活用されて、いわば渋谷的な光景が繰り広げられる小さなステージになったりもするのだ。デザインされた空間が、間接的ではあるが、テリトリー化された空間を生み出すこともあるのである。

世界中の人々が抱く東京のイメージの中に、渋谷を生き生きとした場所として焼き付けたのは、一度に千人以上もの人がよどみなく交差するスクランブル交差点のドラマチックな光景だった。一方、日本人にとっての強烈なドラマは、二〇〇二年の日韓ワールドカップから始まった。千人以上ものサッカーファンがこの交差点に結集し、勝利の喜びを分かち合ったのだ。そこからハロウィーンや大晦日のカウントダウンなど、非日常の瞬間をみんなで祝う場所として、スクランブル交差点は認知されるようになった。

北海道大学大学院の岡本亮輔准教授は、「スクランブル交差点は、路上の自由奪還の先駆けだったと分析する。日本の路上でスクランブル交差点の設置が始まった六〇年代末から七〇年代、公徳心の高い日本人は最初、斜め横断に抵抗感を持ったが、やがて歩行者を解放する「自由への道」として認識するようになったのではないかという[★6]。

もちろん、スクランブル交差点はもともとデザインされた空間だが、歩行者はそこで自己規制からの解放を経験し、自由を象徴する場所として捉えるようになった。そして自ら、非日常の自由解放の場所としてテリトリー化し始めたというわけだ。むろん、警察の管理という大きな枠組みの範囲内ではあるが、その許容力、寛容性は少しずつ広がっている。

一方、渋谷には人と資金の大量のフローをさばくという重要な都市機能があり、それは高度に組織化された鉄道各線、それを集約するターミナル駅、整然と計画されたデパートやショッピング施設に支えられている。これらデザインされた空間もテリトリー化された空間も、渋谷の都市空間には欠かせないものになっている。

★6　岡本亮輔「なぜ人はスクランブル交差点に集まるのか」。「プレジデントオンライン」2018年6月24日。

渋谷の未来を構想するとき、いちばん重要だと思うのは、この対照的な二つの世界をどう絡み合わせ続けるかである。これまでの歴史的背景やさまざまな経験値に照らしながら、二つのモードを互いに刺激させ合うような位置関係に置くべきだと私は考える。そこで、渋谷の未来を描くストーリーでは、まず都市の体験にフォーカスし、「都市で表現する人」と「都市を観察する人」が絡み合う状況設定を中心的なテーマにしようと思う。異なる目的や価値を持つ二つのグループが、渋谷の街でリアルあるいはバーチャルに出会い、交流する——そんな状況をつくり出すことができれば、ここが豊かな場所になるに違いないと思うのだ。

消費文化とユースカルチャー

渋谷の歴史を振り返ってみると、渋谷が商業の中心地となり、かつ文化の中心地にも押し上げられたのは、洗練された大都会としてのイメージ情報が巧みに発信され、その情報が素直に都市空間に変換されたためだったと考える。渋谷の街が成長し、それ自体がブランドになった背景には、デパート・コンツェルンの果たした役割が大きく、それで渋谷はショッピングとファッションの街になった。

まずは東京急行電鉄（東急）が一九三四年、通勤客を運ぶ鉄道のターミナルとなる渋谷駅に東急東横百貨店というデパートを作ったが、それは急速に近代化する東京の都心と郊外の住宅地を結ぶ交通ネットワークが確立される過程の一幕でもあった。一九六〇年代の終わりには西武百貨店が渋谷店を開店し、東急と西武の間で小売業とブランディングをめぐる競争が始まる。建築家の松下希和氏によれば、このライバル同士の競争は渋谷の街全体を見据えた協力的なフレームワークの中で展開され、事実、このコーペティション（ライバル同士の協力）によって渋谷の知名度は確実なものとなり、都市景観も一気に変化していく［★7］。その後、渋谷駅周辺の比較的小さなエリアの中に、アンカーとなるデパートと、多種多様なライフスタイル・ストアがひしめき合うようになり、ショッピングと文化的イベントの双方が活性化していく。

東京の主要な通勤路線のターミナル駅となった渋谷は、郊外の新興住宅地と都心とを直結させる役割を果たした。そして駅の上やまわりに作られた東急系、西武系のデパートや商業施設を通して、新時代の都市生活のイメージが一気に広範囲に普及していく。そして人々にとっては、そのイメージを現実のものに変えることのできる場所が渋谷となったのだった。

こうして大手デパートの発展が渋谷を一大消費ゾーンに発展させたわけだが、一九八〇年代後半から一九九〇年代にかけて、今度はユースカルチャーやオルタナティブ文化が街に登場し始めた。現在、この街はさまざまな人々が自らを表現し、ソーシャルネットワーキングをする場所にもなっている。

ショッピングモールが個人消費者の欲望を満たす空間であるとすれば、渋谷のストリートは集団的な体験をする空間として親しまれているのではないか。つまり、直接・間接にコミュニケーションする相手が個人ないし集団として存在している空間としてである。渋谷の巨大な広告看板

★7　Kiwa Matsushita（松下希和）, "Depato: The Japanese department store." Ed, Rem Koolhaas et al., *The Harvard Design School Guide to Shopping*（Taschen, 2001）, p.251-253.

広々とした日没後の路上空間

には、ブランディングされた有名デパートチェーンの発信する刺激的なイメージが描かれている。一方、渋谷のストリート空間からはファッション写真、インディーズ音楽のレーベル、突発的なイベントが誕生している。こうした新しい文化の生み出され方、表現のされ方は、東急グループが「文化村」という文化施設に美術館や劇場を網羅し、文化を普及させていったプロセスとは対照的だ。

渋谷では二つの対照的な文化が拮抗している。そのことに気づくと、他にも対照的な関係がさまざまな次元で見えてくる。マス消費の文化と個人生産の文化。組織的に作られるイベントとインフォーマルなイベント。一区画を丸ごと占めるデパートのビルとストリートに並ぶ小さな店舗、といったように。だからといって、渋谷のあちこちで二項対立を実感するわけではない。むしろ磯崎新氏が述べている通り、日本の都市空間は「近世の城下町の迷路風の街並みが残存した」まま「応急の処置の重ね合わせ」[★8]で戦後の成長期を通り抜けた。さまざまな歴史の層がカオス的に入り組んでいる状態が、いわば「基本設定」になっているのだと思う。

渋谷の高低差が生む文化

実際、誰もが思い浮かべる渋谷のイメージは、まずはファッションやグッズになるのだろうが、だからといってファッションやデパートのレガシーが渋谷のすべてを表しているわけではない。渋谷の特徴的な地形や歴史、都市インフラ(鉄道や歩道橋)といったものが基盤となり、そこに先のような対照関係にあるさまざまな現象が空間のありように関与していき、ファッションなどの流通のレイヤーが乗っかってきた、ということではないかと思う。

渋谷の地形の決定的な特徴は、主要鉄道駅が渋谷川流域で最も低い位置にあることだと言われる。近くの住宅街から一五メートルも低い位置に、駅はあるのだ。この高低差のおかげで、渋谷の都市インフラが変な重なり方をしたり、上下があべこべになったりしている。地下にあるはずの地下鉄銀座線が空中を走り、半蔵門線や副都心線の駅は渋谷川の下に位置している。

★8 Arata Isozaki, *Japan-ness in Architecture* (The MIT Press, 2011), p.62.
磯崎新『建築における「日本的なもの」』新潮社、2003年、p.63-64頁。

渋谷のダイナミックな地形により、さまざまな交通動線が垂直方向に重なることになる。この空間的な特性は、渋谷にとって非常に重要である。なぜなら、垂直方向の関係性があることによって、公共スペースになり得る場所が三次元的に生まれる可能性があるからだ。つまり、歩道橋、歩行者通路、トンネルが三次元的なネットワークを作り、それぞれが固有の空間と文化的な価値を持ち得るポテンシャルの高い場所になるのである。

ただし、こうした都市インフラがあるからといって、渋谷にいる異なるユーザーグループ同士の接触が増えるわけではなく、現実には路上と空中の歩行者動線が効率よく分けられているに過ぎない。さらに、先にも述べたとおり、歩道橋自体、その外見といい、配置といい、まわりの都市空間と調和するよう特別に配慮してデザインされているわけでもなく、決められたパターンのものが効率的に配置されているに過ぎない。

渋谷の地形的な特徴と向き合う上で、日本の都市計画や建築の考え方を背景としたアプローチは、都市インフラを配備して地形の解消に当たることだった、と言えるだろう。そう考えると、渋谷にはもう一つの矛盾、言い換えればパーソナリティの分裂がこれから広がっていく可能性があることに気づく。それは、今現在も新陳代謝を繰り返している都市の細胞組織が渋谷の繁華街だとすれば、再開発によって生まれる新しい繁華街、あるいはモール街はその周辺に影を落としかねないという潜在的な矛盾である。

例えば、巨大なビルの中でさまざまな機能を持つスペースを効率よく収納している渋谷マーク

渋谷駅と周辺の断面図

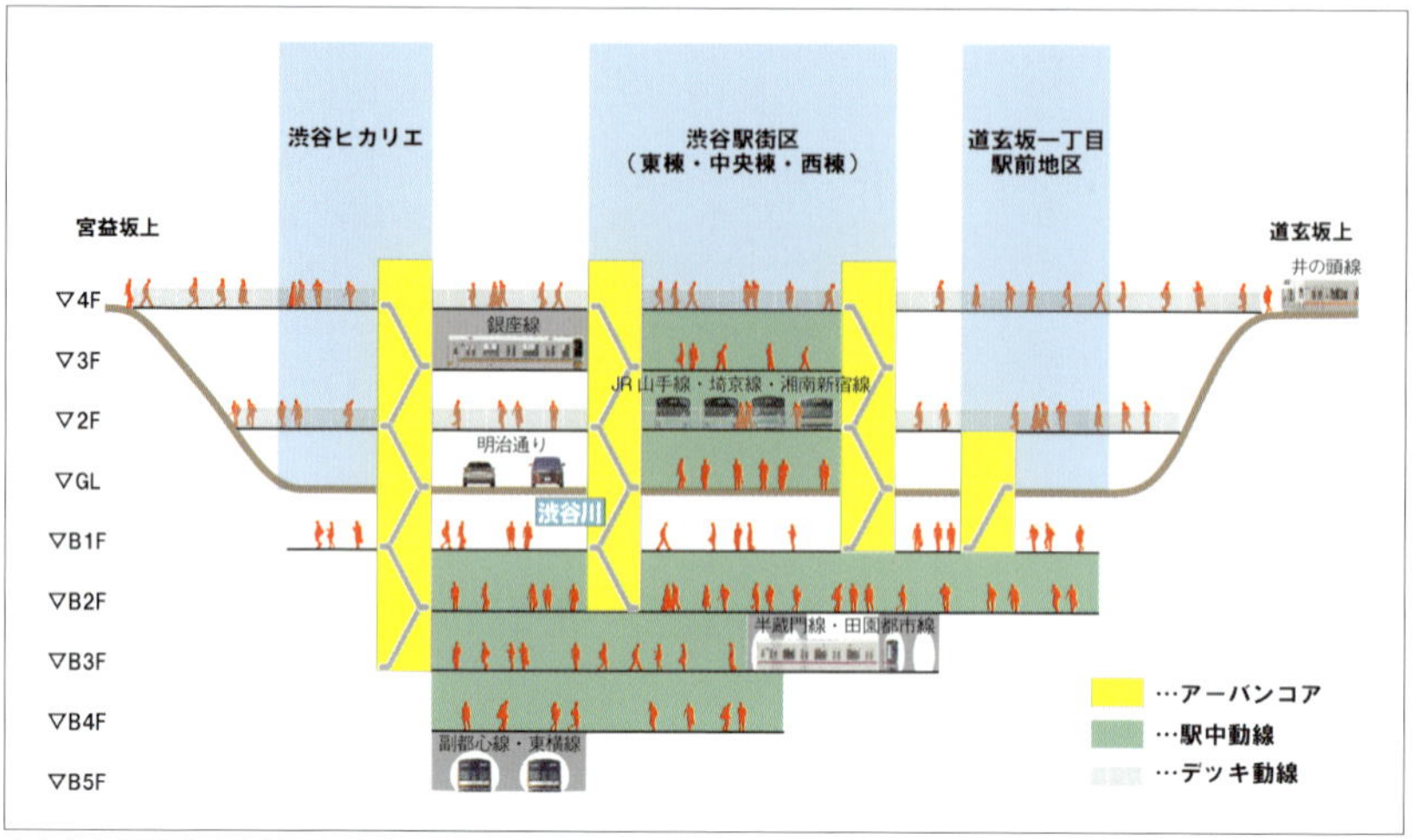

東京急行電鉄株式会社の公表資料および、渋谷区「渋谷駅中心地区まちづくり指針2010」をもとに作成。

シティと渋谷ヒカリエは、人、インフラ機能、設備それぞれのフローを集約し、管理するという巨大な多目的メガストラクチャーである。渋谷の谷底を挟むように位置するこの二つの建物は、長距離の歩行者ブリッジ（通路）でつながれている。このブリッジを使うと、渋谷の谷底を経過することなく、坂を上り下りすることなく、渋谷駅を横断することができる。駅の両サイドは、上が高層のオフィス複合ビルになっているので、どちらかのビルのオフィスビルに行く人にとっては、とても便利な設備である。しかし、オフィスビルの周りのエリアには不活性化という、ありがたくない影響がもたらされる。事実、不活性化されたデッドスペースが、渋谷ではパッチワークのように散見されるのだが、それはこうした再開発の結果、生み出されている場合が少なくないように思える。再開発によって生まれるジレンマである。

新しいものに置き換わるときのリスク

一方、渋谷の路上空間には多種多様のカルチャーが次々と生まれている。興味深いのは、比較的若い世代の建築家たちがそうした現象に注目し、東京という都市が特徴的に起こしている新陳代謝について考察していることだ。例えば、アトリエ・ワンは「ビヘイビオロロジー（ふるまい学［★9］）」と呼ぶ都市観察にもとづく理論の中で、マイクロ・パブリックスペースを作る意義について論じている。「マイクロ・パブリックスペース」はアトリエ・ワンが作った言葉で、建築的な介入によって作り出された都市の共有スペースを指す。彼ら自身、公共スペースを人々が使いこなせるようにするための介入手段として、小さな建築、移動する構造物、大きな家具などを提案している。また、その提案のために、世界のさまざまな都市でその都市特有の人々のふるまい方を観察している。

問題は、再開発で生まれる超高層ビル群の世界にも、マイクロ・パブリックスペースのようなものが根付くにはどうすればよいかということだ。そして渋谷全体の視点から見れば、渋谷の二つの異なる世界の一方が飛躍的にスケールを拡大させたとき、二者間の関係はどのようにアップデートすることができるかも考えていく必要がある。

一つの論点を挙げれば、再開発計画では、地上より上のレベルにある通路と地上とをつなぐ新

★9　Atelier Bow-Wow et al., *Atelier Bow-Wow: Behaviorology* (Rizzoli, 2010), p.14.

しい歩行者ネットワークとして「アーバンコア」という装置が考案され、超高層ビルに挿入されることになっている。このアーバンコアは基本的に、地下レベルから階上レベルへの縦方向の移動を楽にし、人々の動きをまわりから見えるようにすることで渋谷を演出する、という意図で設計されているようだ。しかし、すでに完成した渋谷ヒカリエのアーバンコアに違和感を覚えるのは、渋谷に実際いる人々の多様性、歴史、文化的背景といったものとまったく切り離されているように思えるからかもしれない。

渋谷がこれからも新しい文化を生産し、いろいろなものを引きつけながら発展していこうとするのであれば、まず、オフィススペースを大量に供給する超高層ビルの定番タイポロジー、つまり、変わりばえしないアメニティを揃えたビジネス街区とは違う方向に向かう必要がある。でなければ、都心で並行して進められている他の都市再開発と同じになってしまう。未来の都市に必要不可欠なものを揃え、まんべんなく配置するだけでなく、現実に渋谷の街のキャラクターを作り出している都市のダイナミクスを取り入れる姿勢も必要だと思う。

再開発計画によって「デザインされた空間」が渋谷の街に上乗せされていくと、新しい体験も生まれると同時に、あらゆるものがパッケージし直されていくということにもなる。それは一つのリスクではないだろうか。新しいパッケージは、歩行者通路のガラス窓から遠くに見下ろす、フラットなスクランブル交差点像のようなものになってしまわないだろうか。

ここで考えたいのは、渋谷に存在する二種類の都市空間、あるいは人と空間の関係性を繋ぎ合

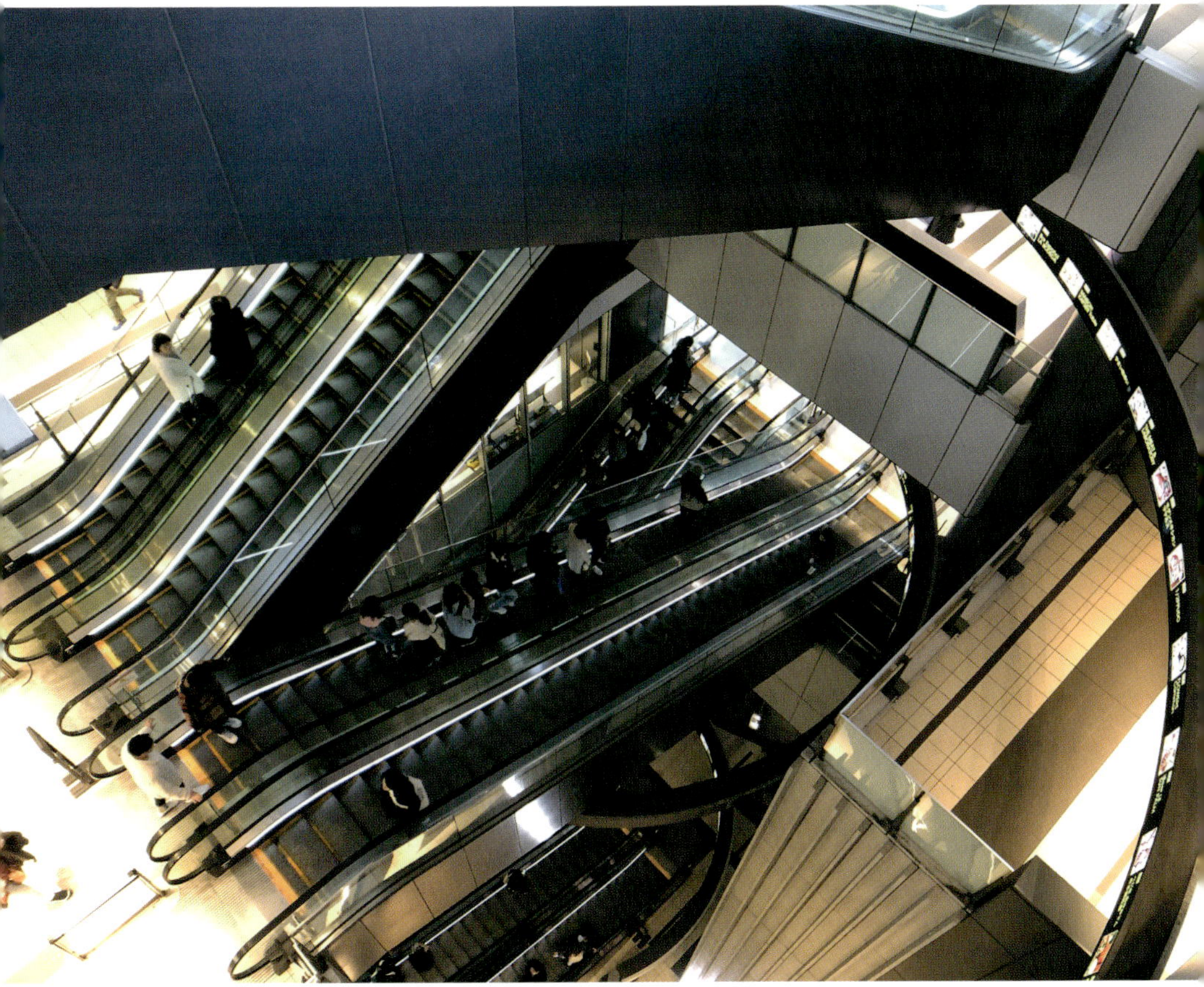

渋谷ヒカリエのアーバンコア　撮影：K.Ota

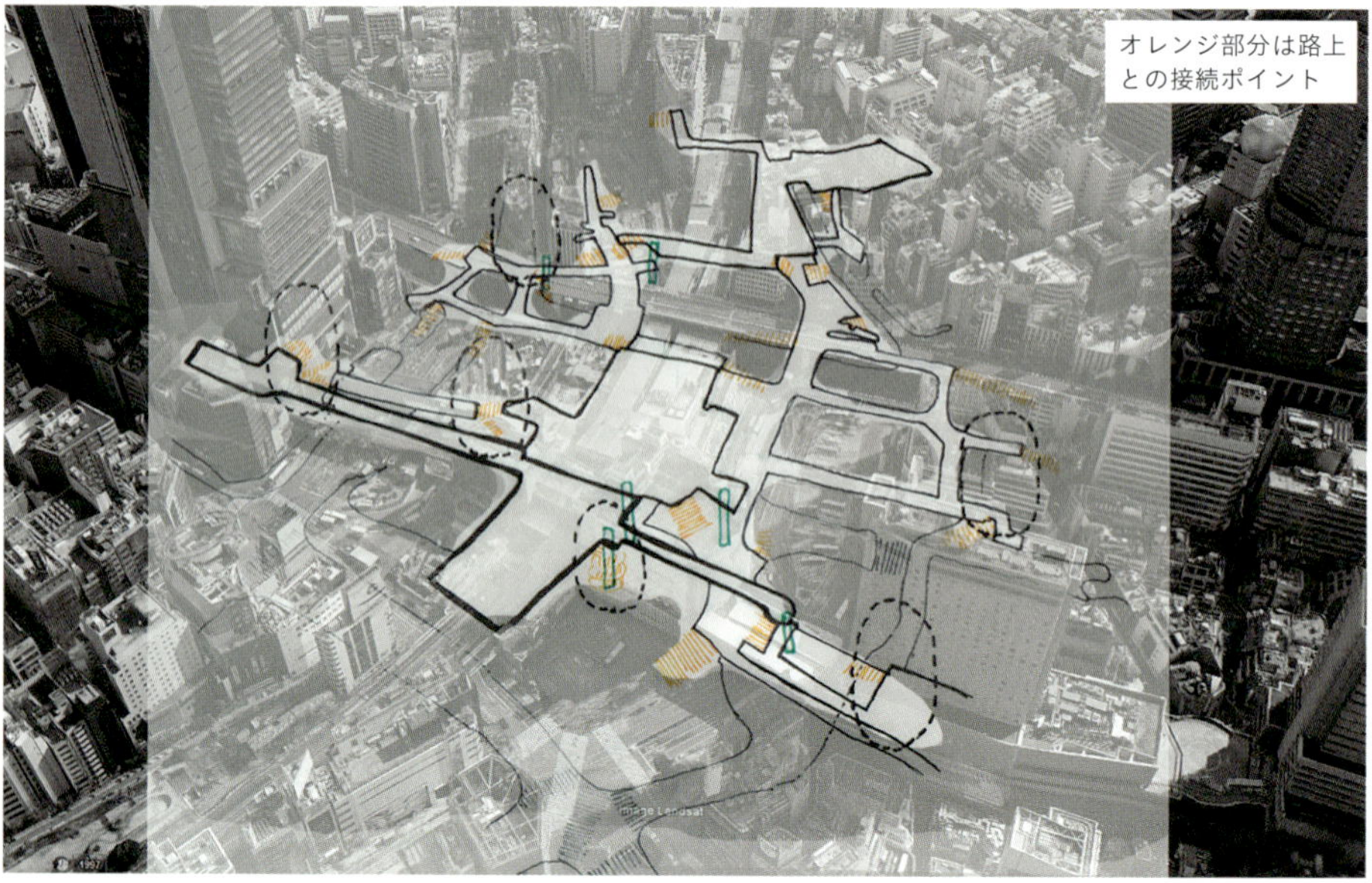

渋谷駅周辺の再開発で計画されている複数階にわたる歩行者ネットワーク

わせるタイミングは今かもしれない、ということだ。その機会をどうすれば永遠に失わないで済むだろうか？

路上から人が消える？

効率性や利便性を優先した設計だけでは、渋谷に築かれてきた豊かな文化的風景に接続することは難しいのではないかと思う。そのことは、渋谷にすでにある歩行者ネットワーク（歩行者通路や歩道橋）と、再開発で新設される歩行者ネットワークのマップを比べてみるとよくわかる。

再開発によってできた大きな複合ビルが周辺の街路となんの接点も持たない場合、周辺地域の街路は文字通りビルの影に隠れてしまい、それなりの賑わいが続いていた通りから生気が失われてしまう可能性がある。場合に

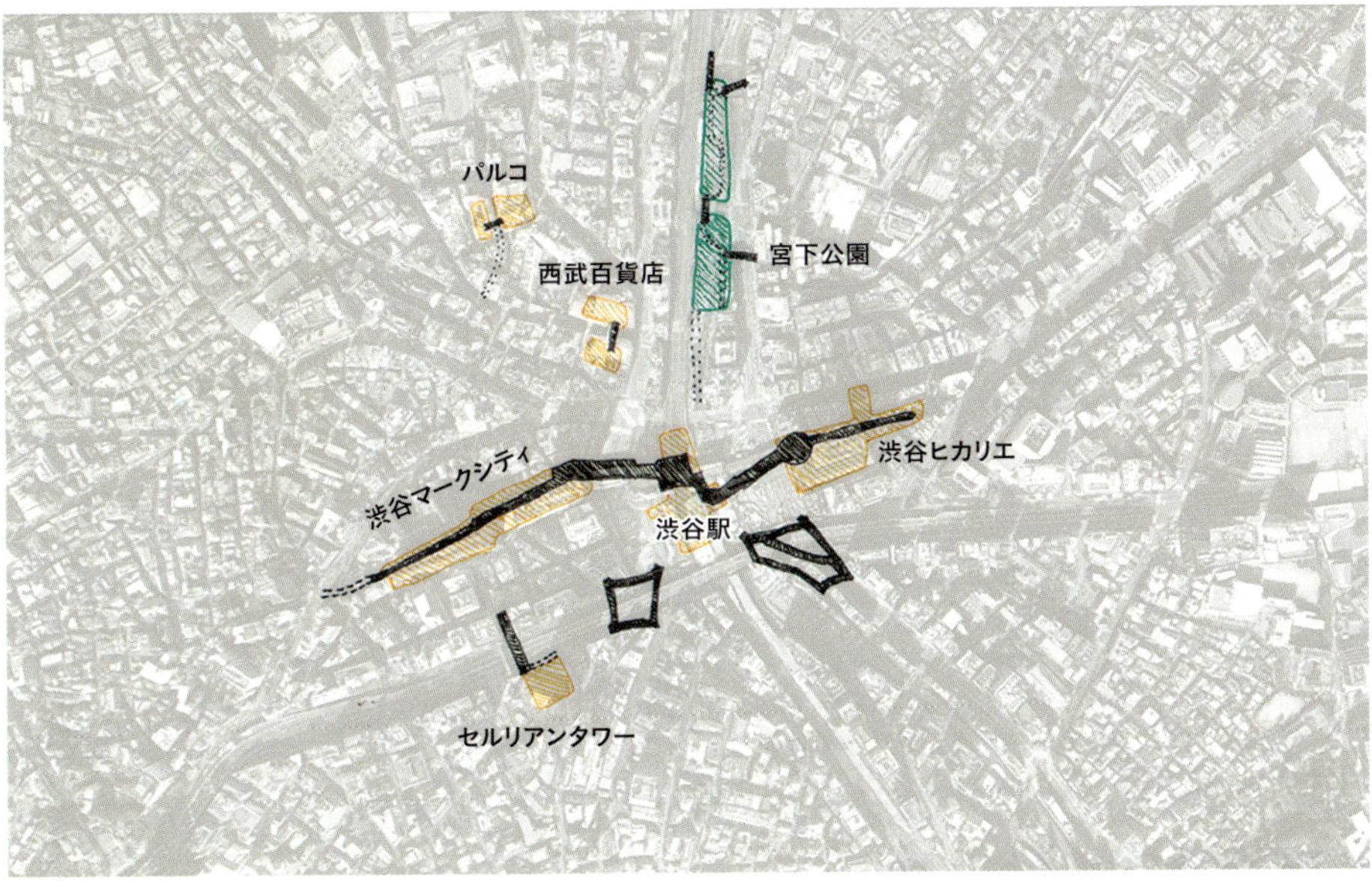

現状の歩行者ネットワーク（2016年9月時点）

よっては、街並みごと、複合ビルや駅のサービス設備に入れ替わってしまうケースもあるかもしれない。大きなビル同士の関係を優先して歩行者動線を計画し、効率優先で管理しようとすると、結局、それ以外の流れを排除することになり、都市空間は断片化されてしまう。

渋谷の街の中で、広く知られ、愛されている場所が断片的に散らばっているのも、そのためだと考えられる。いや、渋谷には生き生きとした路上空間はまだまだたくさんあるのだが、再開発計画に描かれた歩行者ネットワークをみると、その生き生きした歩行者空間もネガティブな影響を受けてしまうのではないかという不安が生じてしまう。歩行者ブリッジや歩道橋が駅の出入口と実際どのように接続されるのかによるのだろうが、渋谷駅

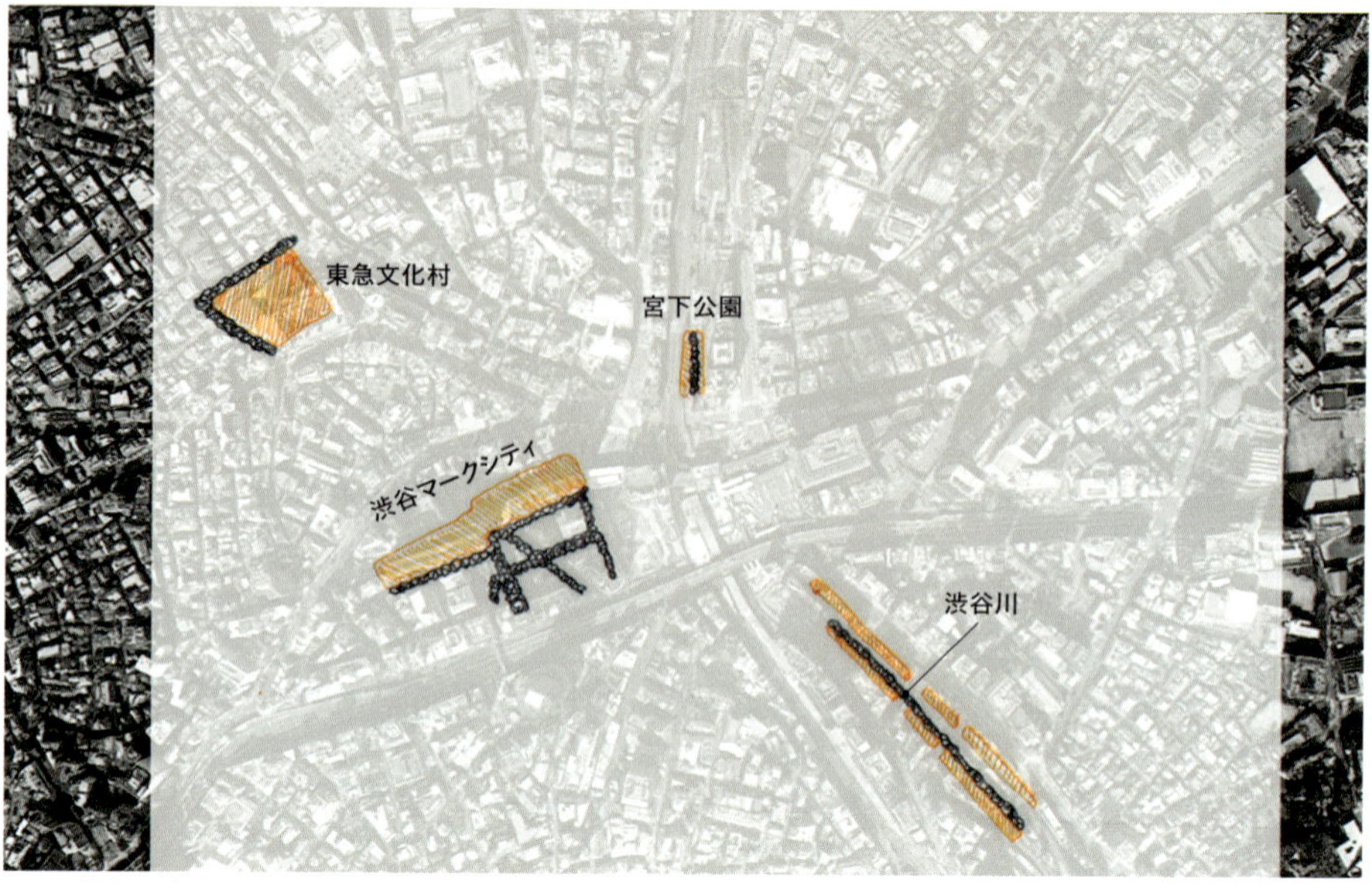

都市のデッドスペース

を降りた乗客が路上に出ないまま、ずっと屋内空間を歩くことになる可能性は高くなりそうだ。

再開発計画を見ると、巨大といっていい規模の歩行者ネットワークが作られることになっている。たしかに歩行者インフラの拡大は必要だろう。新しい超高層ビルの誕生がもたらす人口増加を考えれば、当然なのかもしれない。路上から人がいなくなる、ということにもならないだろう。しかし、これまでの再開発をみると、やはり潜在的な消費者である歩行者を屋外ではなく、接続するビルへと移動させる傾向が出てきてしまうのではないかと思われる。駅の上や周辺に建設される超高層ビルは、オフィスや商業施設がミックスされた複合ビルである。超高層ビルが何棟も建ってビル群となり、ビルからビルへの移動

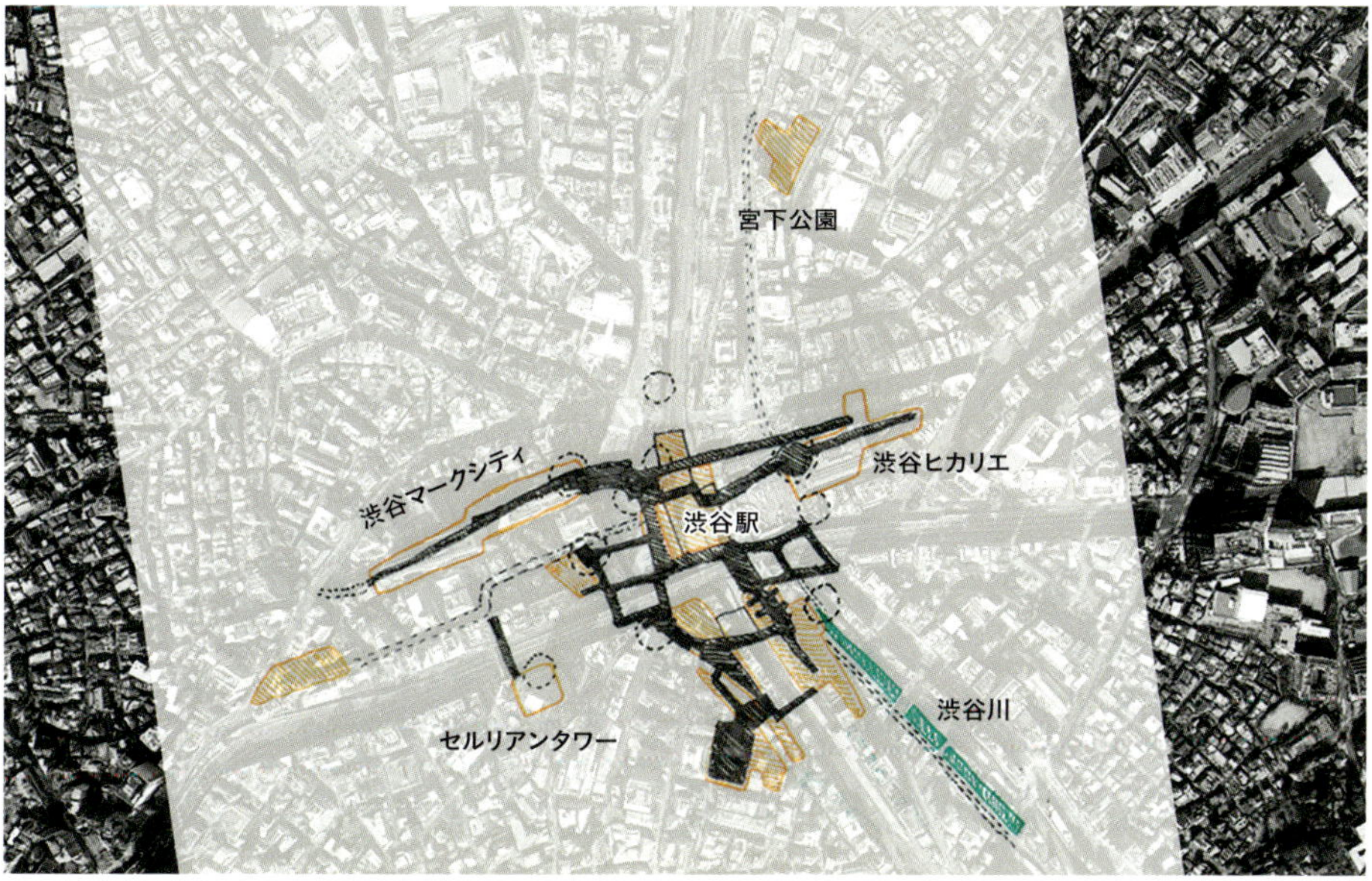

再開発計画によってできる歩行者ネットワーク

が切れ目のないものになっていくよう計画されている。その結果、ビル群の中と外で、先に述べたような陰陽の空間パターンが繰り返し生産されてしまうのではないかと気がかりになる。

さらに言えば、人口増加に備えて歩行者インフラの大規模な新設を計画しても、予測通りに歩行者が増えるのか、超高層ビルを使うオフィスワーカーや買い物客が予測通りの数になるのか、という疑問もある。都内数ヶ所で大規模な都市再開発が同時に行われ、労働人口もこれから徐々に減少していくと予測されている現在、渋谷に限らず再開発計画のベースとなっている人口シナリオは、オフィススペースの需要を楽観的に予測しているのではないかと思われる。いずれにせよ、その予測の有効性をチェックする手段は、いまの

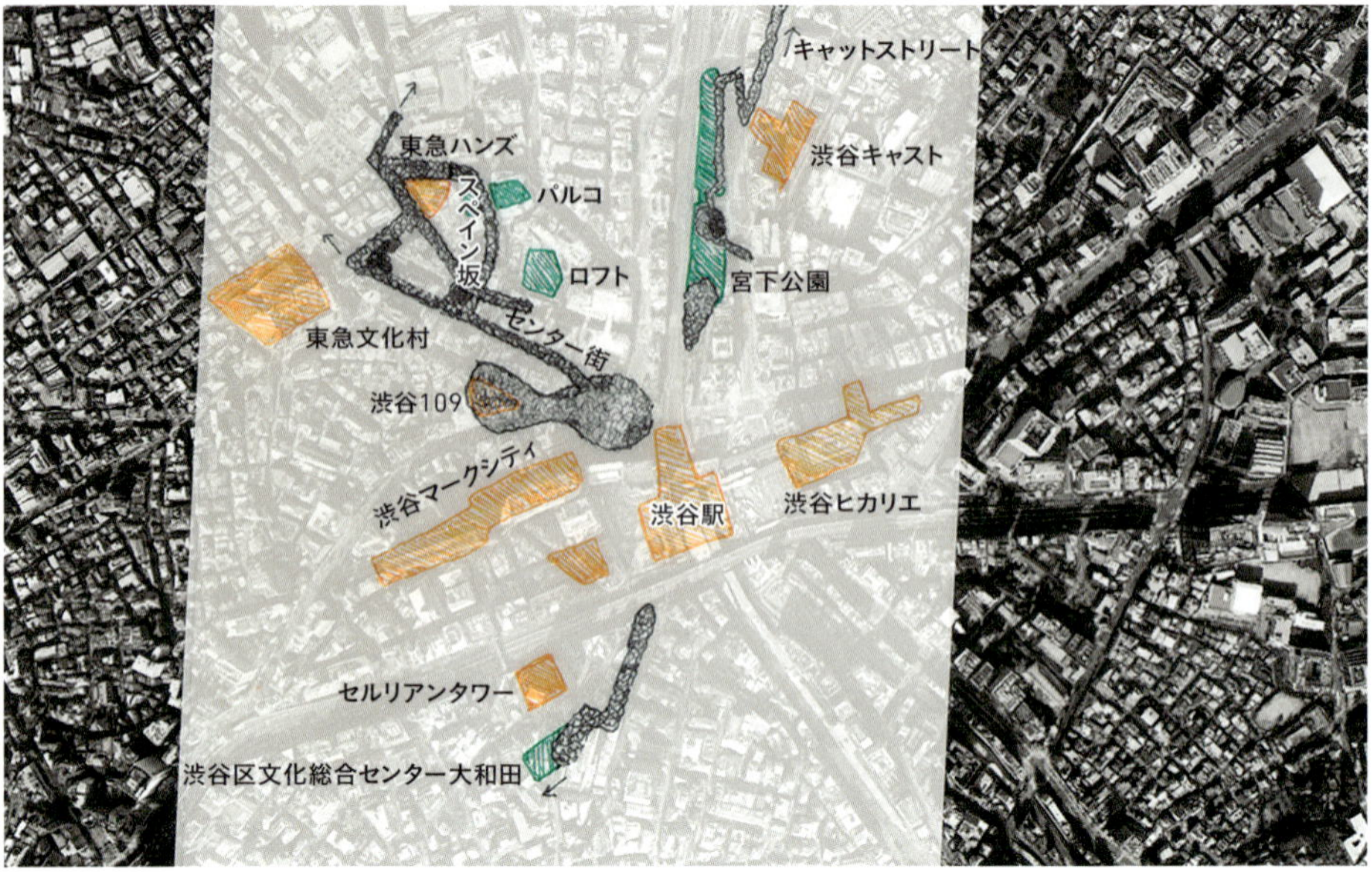

都市のパフォーマンススペースになり得る場所（黒）

ところ見当たらない。

三つのストリート空間

東京の都心では現在、山手線上のいくつかの主要駅を核として、大規模な再開発が進められている。新宿、渋谷、池袋、品川、高輪……。それぞれが、さまざまな人の流れを集結し、分散する東京の結節点《ノード》になるのだが、渋谷が他の結節点と決定的に異なる点は、ユースカルチャーを引きつける特別な力を持っていることだ。しかも、ＩＴ企業を中心として、もう少し上の世代のビジネスマン層を引きつける力もある。

その特別な力は、パフォーマンス性の高いストリート空間が存在し、しかもそうした状況をつくり出した都市の歴史と地形的な基盤が残っていることから生まれていると思う。

とすると、新しい再開発計画がうまくいくか否かは、この力が維持されるかどうか、そして、そこに築かれた渋谷のイメージがこれからもずっと新陳代謝していくような、都市のリアリティを渋谷が持てるかどうかにかかっていると思う。

路上で起こる都市の営みが、パターン化された新しい歩行者空間に押し潰されることはないだろうか？ 人々が巨大ビル群に吸収されていき、路上から人が消えるということはないだろうか？ そうなれば、都市のデッドスペースはもっと増え、生き生きとした文化を生み出す都市空間はさらに分断されていくだろう。対照的な二種類の都市空間が共存し、互いにメリットをもたらしあうには、いったいどんな方法があるのだろうか？

一つの方法は、歩道橋とその下の路上空間の間に起こる関係をヒントに、介入を行うことである。確かに新しい歩行者ネットワークができることによって路上から人がいなくなるリスクもあるが、逆にそれを使って、渋谷ならではの光景に視線を集めることも可能になるのではないかと思う。

渋谷には、誰かがパフォーマンスし、他の誰かがそれを眺めるという、いわば「見る・見られる」の関係がある。誰かが自主的にイメージを生産し、それを眺める人が消費するという、双方向の関係が生じているのだ。それが、渋谷特有の状況や雰囲気を作り出している。現在、この関係が生じているパフォーマンス性の高いストリート空間は、渋谷に三ヶ所ある。それは、みやしたこうえんから原宿へと続くキャットストリート、センター街とスペイン坂、渋谷区文化総合セ

かつての「みやしたこうえん」——入り口エリアと歩道橋

ンター大和田へと向かうツリー状の道路の三つだ（50頁のマップ参照）。

三つのストリート空間の特徴は、渋谷の文化が発展する上で重要な役割を果たしてきた（あるいは今も果たしている）建物や場所にそれぞれ直結している点である。そして現在はいずれも、渋谷駅周辺の工事現場や、先に述べた都市のデッドスペースによって分断されている。渋谷駅の周辺に計画されている歩行者ネットワークが、新築される超高層ビルの利用者人口を配慮したものだったとしても、デザインの考え方によっては、分断された三つのストリート空間を繋いだり、伸ばしたりすることも可能ではないかと思う。

場の力をつかみ取ろう

再開発で新設される歩行者ネットワーク、

首都高の下、歩道橋の上

例えば新しい歩道橋を、ダイナミックな潜在能力を持つ渋谷の路上空間に結びつけ、活性化させる方法はあるだろうか？

とても参考になる場所が二ヶ所ある。一つはみやしたこうえん（162〜163頁参照。［★10］）である。二〇一一年に生まれ変わったこの公園は、自分のスキルを表現する人々《パフォーマー》と、それを眺める人々《オブザーバー》が、うまく楽しく交わるように設計された、都市の公共スペースだった。興味深いのは、公園のリニューアルによって、近隣の人々もそれに反応したことだ。公園にさまざまなアクティビティが起こるようになり、それが窓からも眺められるということで、公園に面したビルの二階にカフェが出現したのだ。ボルダリングジムは内部をわざわざ外に露出するよう設計されていたし、ここに来るさまざまな人間が、いわば

★10　渋谷駅にほぼ隣接する、JR山手線沿いの細長い駐車場施設の上につくられた区立公園。2011年にアトリエ・ワンの設計によってリニューアル・オープンし、2017年に再開発のため閉鎖された。

新しい渋谷のブランディングに参加していたのだと思う。路上から公園に上がるために作られた歩道橋は、公園の光景をカメラに収めようとするストリート・カメラマンにとって絶好の場所となった。このように、既存の都市インフラを上手く利用して、マイクロ・パブリックスペースを生み出すことは可能なのである。

もう一ヶ所、垂直方向に重なり、交差している動線の間に、はからずもダイナミックな関係が生まれている場所がある。それは首都高速道路と歩道橋が垂直方向に重なっている渋谷駅の東口エリアである。この歩道橋に立つと、自動車と歩行という異なるモードの動線が（人がどう動くかの線や順路）立体交差する特別な感覚をフルに味わうことができる。いわば「立体のスクランブル交差点」だ。多様なユーザーグループが渋谷をひっきりなしに通過し、それぞれが固有のリズムを作り出している——この都市ならではの現象を、ここでは身体で感じることができる。

東口の歩道橋の上から渋谷駅を見ると、駅構内が奥まで見渡せるから、プラットフォームにいる人々の目からも、動線の重なりは見えるはずだ［★11］。再開発によって構内のプラットフォームが新しい超高層ビルに置き換われば、今度はビルの中にいる人と歩道橋との間に、みやしたこうえんのような「見る・見られる」の関係［★12］が生まれる可能性もある。

★11　2016年の時点。

東口の歩道橋から渋谷ストリームと渋谷スクランブルスクエア（工事中）
の間の歩行者デッキ、自動車道、高速道路を見る　撮影：K.Ota

★12　「見る・見られる」の関係とは、吉見俊哉が1973年の渋谷パルコの開業に関連して、70年代の渋谷の若者は、渋谷の街自体を劇場化するパルコのイメージ戦略に代表される都市空間の装置の中で、予定された役割を演じるようになったと述べたことから生まれた言葉である（『都市のドラマトゥルギー』）。その後、北田暁大は1990年代にはそのようなまなざしの緊張関係は弛み、渋谷の舞台性はなくなったと述べたが（『広告都市・東京』）、南後由和は、近年の渋谷は外国人観光客の増加やSNSの普及により、再舞台化しているのではないかと指摘した（『商業空間は何の夢を見たか』）。ここでは、単純にパフォーマンスを見る人、見せる人の関係を指す。

提案

渋谷ステージの戦略

断片化された渋谷のストリート空間を繋ぎ直し、渋谷的光景の持つパワーを一層強めていく方法として、私は渋谷でもっとも成功しているエリアに実在するマイクロ・パブリックスペース（小さいけれど、生きた公共スペースとなっている場所）を、歩行者ネットワークに移植することを提案したい。

ただし、みやしたこうえんで使われた戦略をそのまま、歩行者ネットワークに応用しても上手くいかない。なぜなら、活用できるスペースは限られているし、かなりの柔軟性が求められるからだ。

そこで考えたのが、モジュール式、つまりユニットサイズでできた組立てパーツによってステージを作る、仮設のインスタレーション・システムである。これを使うと、新設された歩行者ネットワークのどこにでも、必要に応じてぱっとステージを組み立てることができる。名付けて「渋谷ステージ」。パフォーマンスを包み込む骨組みにもなるし、パフォーマンスの背景にもなる。

重要となるのは、歩行者ネットワークのどこに設置するか、そしてそのスペースのデザインである。パフォーマンスを引き立てる役目も持つことになるし、まわりの状況から際立たせる必要もある。だから、インスタレーションの背景は白か無地のカンバスにする。そうすれば有象無象

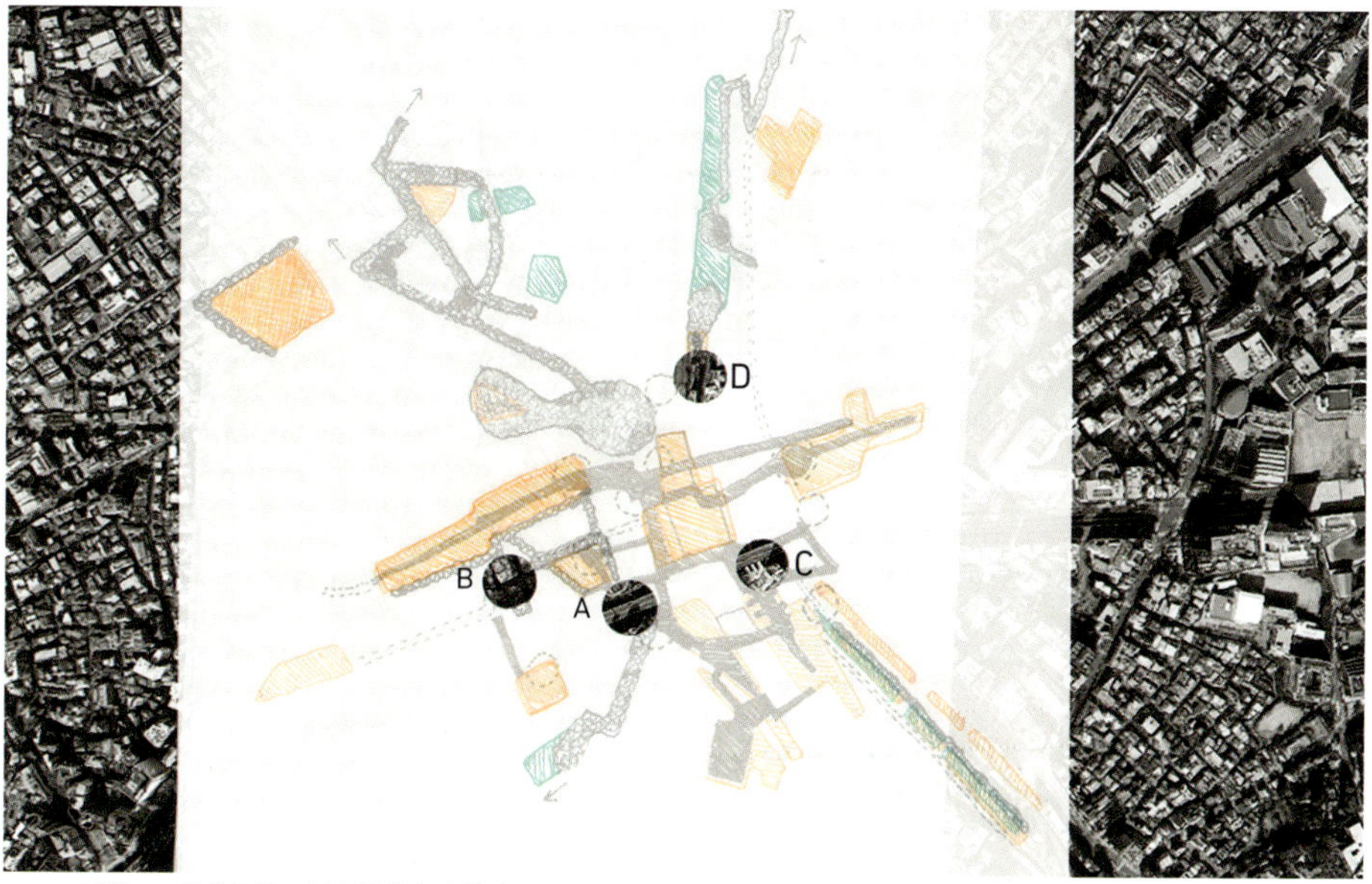

提案——渋谷ステージを設置する場所

の路上空間とも、オーバーデザイン気味の歩行者デッキとも差別化できるだろう。

パフォーマンスは、渋谷のカルチャーシーンから引っ張って来る。それが新設の歩行者ネットワークと接続された時、分裂していた渋谷の二つの流れ《モード》が、突如ハイライトされることになるだろう。渋谷では街の魅力づくりに取り組む「シブヤ・プラスファン・プロジェクト（SHIBUYA +FUN PROJECT）［★13］」が進められている。私の提案は、バランスよく統制された街のにぎわいのプログラミングに、都市本来のハプニング性を加えようというものだ。

この試みの第一段階として、「渋谷ステージ」を設営し、都市空間への介入を行うというシナリオを考えた。そして、介入に有利な場所を四ヶ所選んだ（上の図、参照）。いずれも

★13　2014年から渋谷で展開されている「＋fun」プロジェクトに言及している。渋谷駅前エリアマネジメント協議会が官民連携で運営するプロジェクト。

ドラマチックな眺めが得られる場所であり、新設の歩行者ネットワークとも有効な位置関係を持つ。この提案ではさしあたって、近くで行われているパフォーマンス、あるいはその場所にこれまでもずっとあった人の動きや空間の使われ方をベースにした。

いずれにせよ、「渋谷ステージ」にとって重要なのは、時とともに移り変わる人々の好みや、渋谷の街の変化などと呼応しながらプログラムを変えていくことができることだ。土地やスペースの所有者は官と民の両方になるが、場所の運営についてはそれぞれを代表するステークホルダー［★14］によって協議会を構成し、パフォーマンスのキュレーションに関わっていくのが良いと思う。渋谷駅周辺地域の再開発やアーバンコアの設計に関与した協議会が担当しても良いかもしれない。

この提案を経済的に成立させる方法としては、いくつか考えられる。例えば、モジュール組立て式のステージの制作と設置費用の支出、パフォーマンスにかかる費用の支出を、別々のステークホルダーが受け持つ、という方法。文化的な活動も行う東急のような大資本がポップアップ・ショップを出しても良いかもしれない。あるいは、屋台、カフェスタンドのような小店舗や、小規模なスポーツ設備（スケートパーク、クライミングウォール）など、非営利活動ないしインキュベーション的活動をこの場所で行ってもらい、その資金を広告ないしは社員への福利厚生として超高層ビルのオフィステナントから調達する、といった方法も考えられる。

人材雇用の競争がますます激しくなっているＩＴ産業にとっては、社屋がどこにあり、どんな

★14　プロジェクトに出資し、参加し、使用するさまざまな主体者。

オフィススペースになっているかが重要になっている。グーグルもフェイスブックも、巨大なオフィス内で「アーティスト・イン・レジデンス[★15]」のプログラムを行っているが、ここ渋谷でも、たとえ中小企業であっても、同じ考え方で「渋谷ステージ」のインスタレーション・プロジェクトを支援することを考える価値があるのではないかと思う。渋谷のストリート空間に生起するバイタリティを、オフィスタワーのピカピカのロビーに引き寄せる、という発想である。

渋谷に自然発生しているパフォーマンスを意図的に移植するというのが、「渋谷ステージ」の考え方だ。これからも渋谷が現在のポジションを保ち、さらに発展していくためのアイデアである。それは、平凡かつ管理された歩行者空間に抵抗する一つの手段でもある。渋谷のストリート空間で絶えず新陳代謝している光景を選び取り、新しい再開発空間に突如出現させる——そのことにより、歩行者は一瞬の安らぎを覚えるかもしれないし、均質な歩行者空間から突然ワープしたような体験を味わうかもしれない。それは、最小限の介入によって、見る人にとっても見られる人にとっても、最大限のインパクトをもたらそうとする提案である。

※特に記載のない写真は筆者撮影。

★15　アーティストがビルなどの空間の一部を使ってアート作品を作るシステム。

**渋谷で見つけた
都市のデッドスペース**

ビルとビルの間にできたスキマ、再開発でできたビルの周りにありがちな人気（ひとけ）のない空間、その周辺で「ウラ化」された路上空間など、都市にはさまざまなデッドスペースがある

パフォーマンスに使えそうな空間
デッドスペースがうまく使われているのを見ると楽しい。渋谷にはいろいろなパフォーマンスに使えそうな場所がたくさんある

ンシェルジュ
PLAZA

歩行の醍醐味が味わえる空間

人、自動車、鉄道の動線が立体交差する東口は、渋谷の醍醐味を味わえる場所のひとつだ。単に「歩行者」として通行するだけでなく、この場所に「居る」ことで味わえる体験がもっと開拓されていいと思う（撮影は2016年秋）

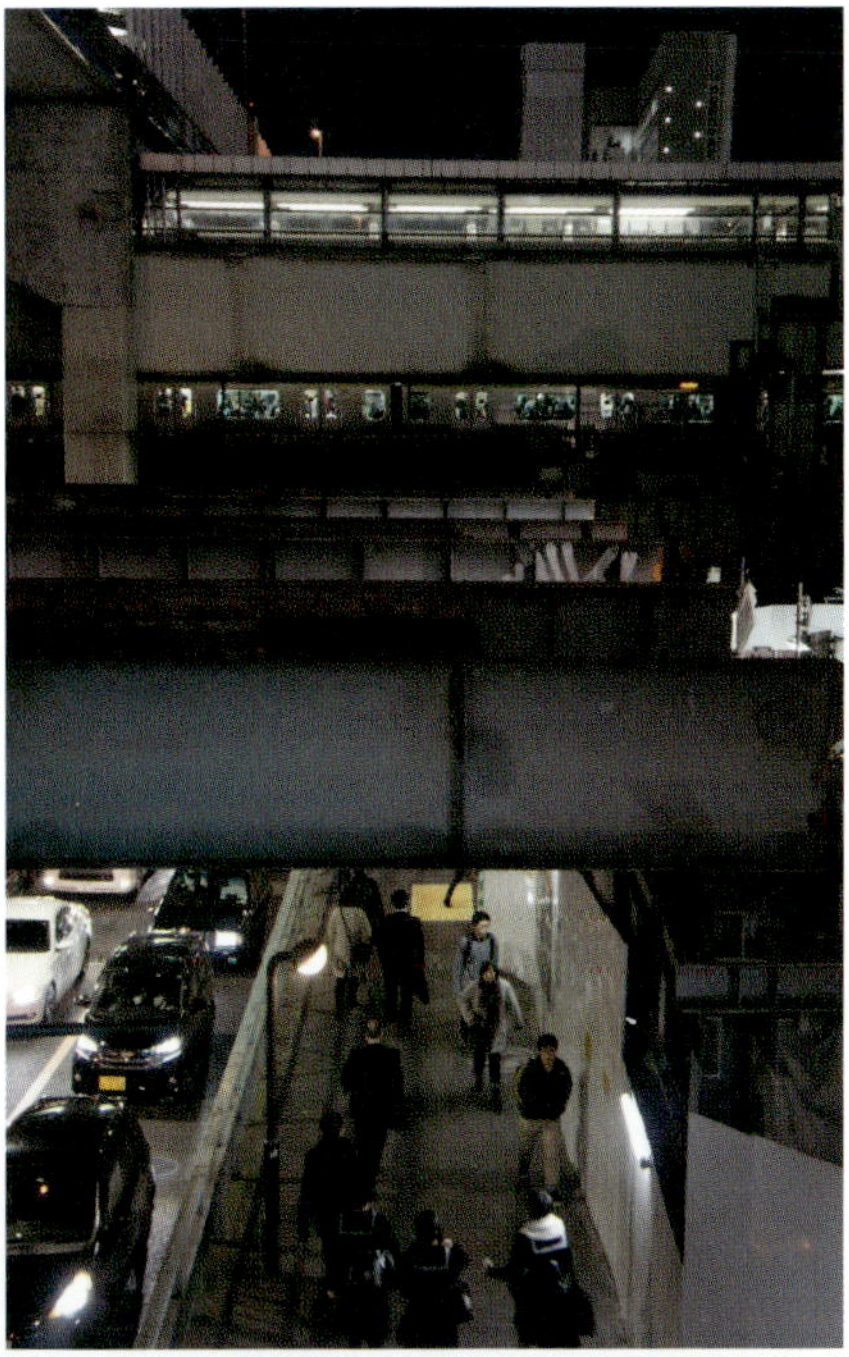

レイク
新宿
Shinjuku
150m
日本橋
Nihonbashi
三宅坂
Miyakesaka
246
六本木
Roppongi

提案——渋谷ステージのシミュレーション

渋谷109のポップアップ・ショップ（p.57マップA）

クライミングウォール（マップB）

夜の屋台（マップC）

みやしたこうえんを延長したスケートパーク（マップD）

考察

都市にいる「今この瞬間」を祝祭する

アリスの戦略

アリスの観察と提案の背後には、渋谷駅を取り囲むエリアの再開発のスケールがジャンプアップしすぎて、二つの世界のバランスが崩れてしまうのではないか——そんな危惧があったと思う。ここで言う「二つの世界」とは、再開発を主導する民間資本と、それによって整理されていくかもしれない路上空間、そしてそこで育まれ得るストリートカルチャーを指す。

彼女の提案自体は奇想天外に見えるかもしれないが、その土台となる観察と思考は、深いところで膝を打たせるものがある。それは多分、二つの世界のバランスが「きっと崩れる」と短絡的に決めつけるのではなく、もっと大きな視点から、いわば戦略的に未来を想像した結果の提案だからだと思う。二者のバランスが崩れないためには、相対的に強くなった方、つまり再開発が象徴する大資本を批判ないし否定するのではなく、相対的に弱まった方、つまり新しいクリエイティブな表現が自然発生する都市空間やストリートを守り、育てることが、結局、渋谷の「伝統」を継承しつつ更新することになるはずだ、と彼女は考えた。

まずは、二つの世界のうち、いま大躍進を進めている方、つまり、民間資本の集まりが進めている再開発プロジェクトについて正確に理解しておきたい。なぜ、渋谷で都市のスケールアップが始まったのか。再開発の完成によって実際、何が変わり、何が失われ、何が新たに生まれようとしているのか。そこを押さえた上で、二つの世界の共存ないしせめぎ合いについて考えていきたい。

「都市再生」という未来のシナリオ

現在、渋谷駅とそのまわりで進められている大工事は「百年に一度の大再開発」と呼ばれている。百年に一度とは？

空撮でみる東京の大都市は、微細な建物がランダムに入り組んだ、まるで角砂糖の山を崩した後のように複雑で緻密な構成をしている。西欧的な「都市計画」とは無縁の、まさにアジア都市！　といった様相だ。そんななか、渋谷の再開発はスケールの大きさといい、そこに関わる事業者や運営者の数といい、めずらしく「都市計画」という言葉が当て嵌まる。

そもそも東京都という都市は、土地の複雑な権利関係、相続税制、土地の使い方に関わる規制などでがんじがらめになっている。あの丹下健三でさえ、戦後すぐ、焦土と化した東京に都市計画を導入して再出発すべきだと考えたが、実現に至らなかった。そして考え出したのが東京湾に

東京の造形的特徴
出典：https://publicdomainq.net/tokyo-cityscape-0012258/

海上都市を作るという、幻の「東京計画一九六〇」だった。

「百年に一度の」と言えるほど大掛かりな都市改造が東京で突如可能になった理由は、ズバリ小泉政権による規制緩和である。そもそもの発端はバブル経済の崩壊だった。一九九一年にバブル崩壊が始まって以来、日本は深刻な経済不況に迷い込んだ。その低迷ぶりは戦後最長で、二〇〇二年までの低迷期は「失われた十年」と呼ばれる。いや、低迷は二十年続いたという説もある。

この長期の経済不況から脱出する方法として政府が着手したのが二〇〇二年の「都市再生事業計画」だった。それは東京や大阪など、日本の大都市に「都市再生緊急整備地域」を指定し、さらにその中に「都市再生特別地区（特区）」を作って、都心としての機能をグレードアップさせる大掛かりな都市改造を行う、というものだった［★16］。いわば都心の中に特例ゾーンを作り、日本経済を一気に好転させようというわけだ。その根本には、経済回復が社会を幸せにする、という信念があった。いわば国土を改造することで経済発展のスピードアップを実現させた二〇世紀的な発想である。

首都東京では現在、東京都心・臨海地域、秋葉原・神田地域、品川駅・田町駅、新宿駅、大崎駅、渋谷駅、池袋駅の各周辺地域、そして羽田空港南を含む地域の八つの地域が「都市再生緊急整備地域」に指定されている。二〇〇五年に「地域」の指定を受けた渋谷駅周辺地域で未来都市のブループリントを提案し、採用された「再生事業者」は東急電鉄、JR東日本、東京地下鉄、再開発のためにつくられた組合などである。こうして渋谷の「二つの世界」の片方が、一気にアップグレードすることになったのである。

都市を元気にさせるカンフル剤

「都市再生事業計画」は緊急かつ重点的に［★17］都市を改造する計画として考えられたものだ。日本の各大都市に打ち込むこのカンフル注射には、いくつかの特効薬が注入された。一つは、都市再開発のプランを自治体が考えるのではなく、民間の都市開発事業者に自発的に考えて提案してもらおう、というシステムである［★18］。都市を計画するという、従来は東京都を含む地方自治体が行っていたことが民間の手に渡されたのである。

★16　内閣府「特定都市再生緊急整備地域について」2011年、国土交通省「都市再生に関する現状」2008年、東京都「東京都における都市再生特別地区一覧」2018年。2018年の時点で、東京都の都市再生緊急整備地域は渋谷駅周辺地域を含む8地域、都市再生特区は渋谷の10地区を含む106地区となっている。

渋谷駅周辺の都市再生事業

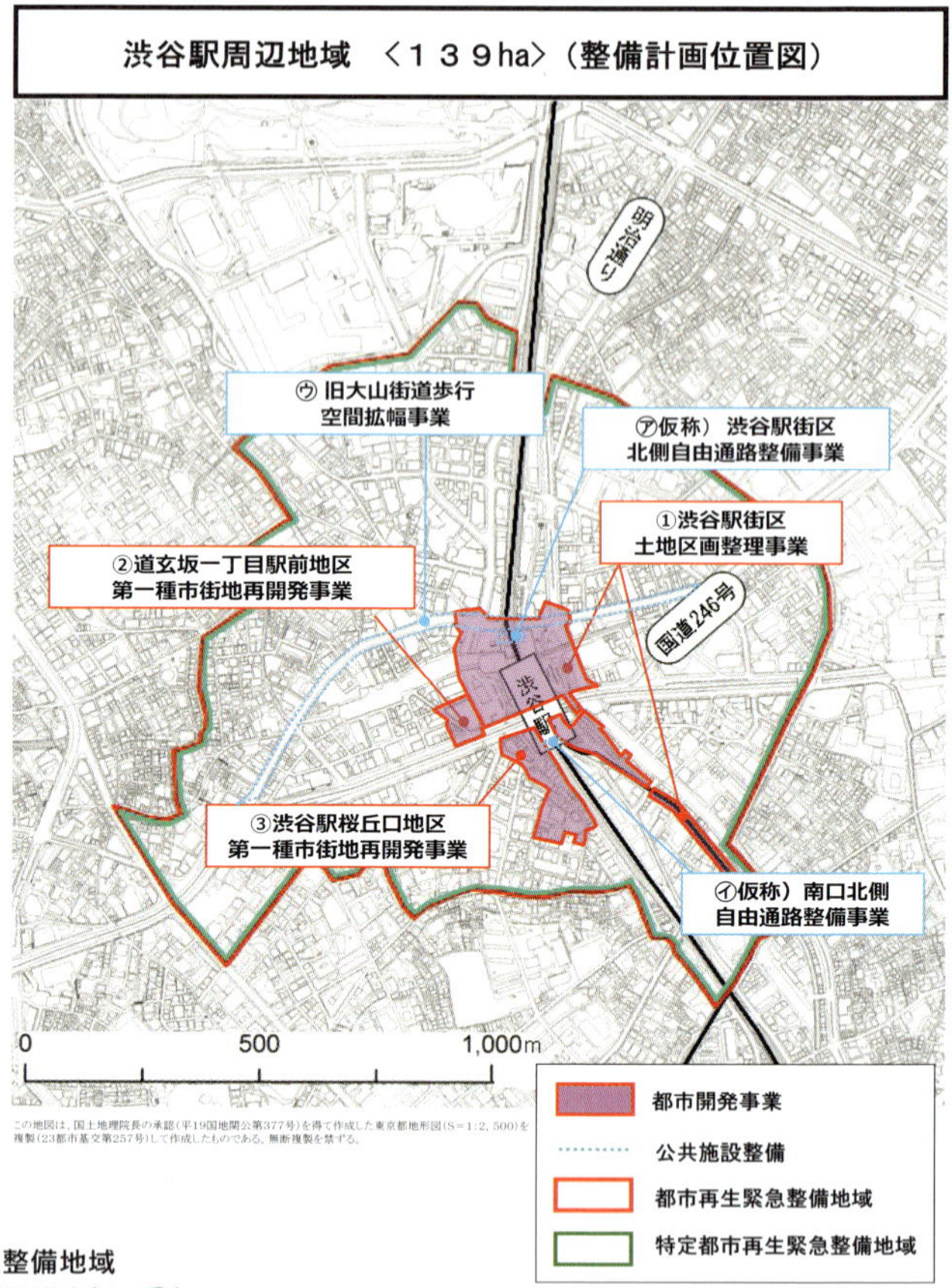

出典：東京都「特定都市再生緊急整備地域の整備計画」2017年

東京都の都市再生緊急整備地域

出典：東京都都市整備局
「都市再生事業の推進」

事業者はプランをまず自治体（東京の場合は東京都）と公の審査組織に提案する［★19］。それが認められると、今度は自治体の後押しを受けながらプランを実行していく。小泉政権が全力で推進した民営化政策の典型である。

別の特効薬は、提案された再開発のプランが、都市が再生する上でプラスになると認められた場合、そこに作る建物は高さや大きさなどの面で規制が免除されうる［★20］、というものだ。これも小泉政権が一気に進めた規制緩和の一つで、渋谷駅の上や周辺に飛び級的スケールの超高層ビルが作られているのはそのためである。

こうして渋谷駅とその周辺地区は、新宿、日本橋、虎ノ門などとともに、日本経済を救う国家的なプロジェクトの実験場としてリセットされることになった。二つの世界のうち民間資本の方は、かつては単純に西武系＋東急系、くらいに理解されていた。しかし、渋谷が国家プロジェクトとしてリニューアルすることになった今［★21］、それは民間資本の集まり（民）と東京都と渋谷区と国（官）が一体となった、もっと大きなものに膨らんでいる。単にスケールだけでなく、社会が動く仕組みとしても、「百年に一度」的に異例な都市改造プロジェクトなのである。

話がちょっと細かくなったかもしれない。要は、緻密な法律や規制や世間のしがらみに任せておいたのでは、永遠に都市が未来を先取りできないどころか、社会の動きそのものにもついていけなくなると踏んだ政府が、特定の場所に絞ってゲームのルールをグッとゆるくし、プレイヤーたちが今までにない技やトリックを自由に生み出せるよう、そしてもっと多くの人がそこにやっ

★17　内閣府地方創生推進事務局「都市再生特別地区 概要等」2011年
★18　東京都「東京都における都市再生特別地区の運用について」2002年
★19　東京都「都市再生特別地区に係る提案の審査等フロー図」
★20　東京都「東京都における都市再生特別地区の運用について」

て来るようにして都市のポテンシャルを上げた、というわけなのだ。
では、それによって具体的に何が根本的に変わるのだろうか？　何が失われ、何が生まれるのだろうか？

再開発で得るもの、失うもの

都市再生事業計画が目指すのは、「都市の再生に貢献し、土地の合理的かつ健全な高度利用」が可能となるようなエリアを作ることである［★22］。「高度利用」とは、低層の小ぶりな建物をまとめて高層ビルにし、土地を有効活用することを意味する［★23］。「これは都市の再生に貢献する提案だ」と認められれば、そこに建てる建物がどんな内容のもので、どれくらいの大きさで、どれくらいの高さで、といったことがまずは希望通りに提案できるのである。「まずは」というのは、提案がどこまで認められるか、そこは公に審議されるので、最終的には提案の中身や運営体制といったもの次第となる。

アリスの言う「二つの世界」に話を戻そう。渋谷では東急電鉄、JR東日本、東京地下鉄など、鉄道を運営する企業や再開発組合、そしてまちづくり団体、町会、商店会などを加えた地元のステークホルダーが集まって、国家と東京都それぞれの達成事業ともなっている大規模な再開発を進めている［★24］。その世紀の大事業を見守る上で、市民の側でもしっかりと見極めるべきことがいくつかある。メディアは「百年に一度！」「未来的！」と言ってセンセーショナルに反

★21　渋谷駅周辺の再開発地域はアベノミクスが推進する「アジアヘッドクォーター特区」でもある。外国企業の優遇や規制緩和が行われている。
★22　建築基準法第60条の2

東京都における都市開発の制度

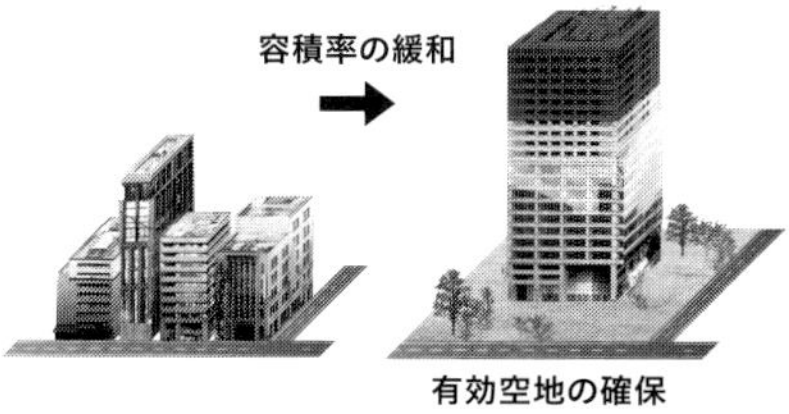

特定街区

原則として、都市基盤の整った街区が対象。有効な空地の確保、壁面の位置の制限等と併せ、容積率、斜線制限、絶対高さ制限などを緩和

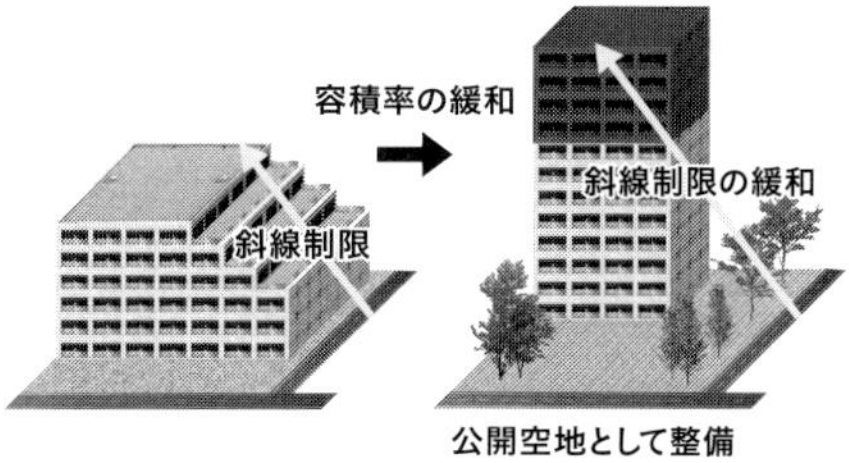

総合設計

一般の計画。容積率、斜線制限等の緩和

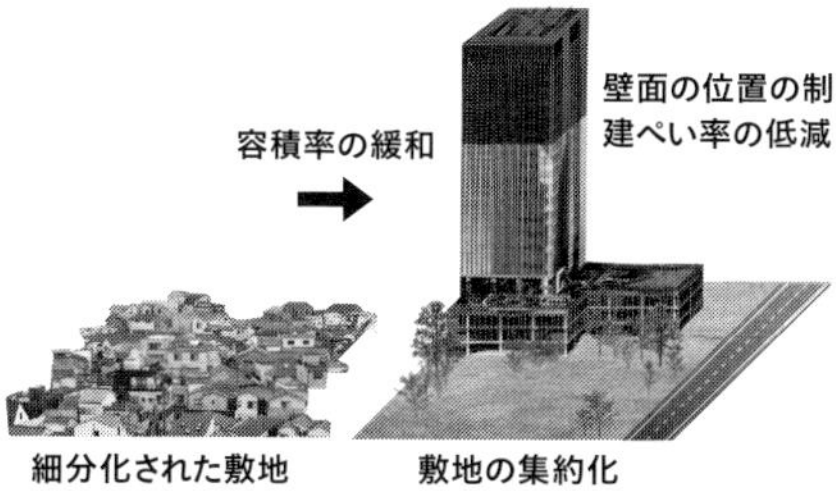

高度利用地区

住宅密集地域など。再開発を促進。壁面の位置の制限、建ぺい率の低減などと併せて、容積率を緩和し土地の高度利用化を図る

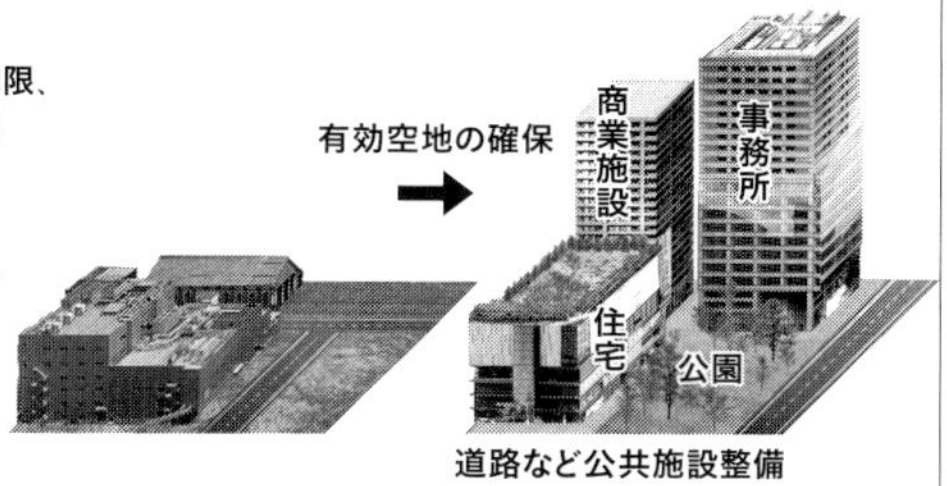

再開発等促進区を定める地区計画

工場跡地など、まとまった規模の低・未利用地。土地利用転換の推進。建築物と公共施設の一体的・総合的な市街地の開発整備。用途・容積率等の規制緩和

出典：東京都都市整備局「都市開発諸制度とは」
www.toshiseibi.metro.tokyo.jp/cpproject/intro/description_1.html

★23　東京都都市整備局「都市開発諸制度とは」http://www.toshiseibi.metro.tokyo.jp/cpproject/intro/description_1.html
★24　渋谷区「渋谷駅周辺地域の整備に関する調整協議会」2011年

応しているけれど、市民の側には今のうちにちゃんと見定めて議論しておくべきことがあると思うのだ。

見極めるべきことの第一は、渋谷で進められている都市再生事業計画が「都市の再生に貢献し」という極めて大まかな判断基準に照らしつつも、規制緩和を受ける代わりに何を新たに獲得しようとしているのか、という点だ。国際市場、アジアの玄関、技術革新といった国際経済都市としての達成課題《アジェンダ》はわかる。東京が上海、香港、シンガポールといったアジアの大都市との競争に勝つためには当然の戦略だろう。だから経済貢献については文句はない。

気になるのは、パブリック貢献のことだ。渋谷でおカネを落とさない人、渋谷の街に消費とは別の目的で来たい人、暮らしたい人も、将来、豊かな体験のできる場所をそれぞれに見つけ、快適な時間を過ごすことができるだろうか。

アリスは「二つの世界」が互いを認めながら共存している状態の中でこそ、渋谷的な豊かさは生まれ、育まれてきた、と考える。都市再開発というアップグレードによって、民間資本とストリートのダイナミックな均衡関係《バランス・オブ・パワー》はどう変化していくのだろうか。

経済が発展すれば、その恩恵を都民も訪問者も間接的には受けることになるのかもしれない。ただし、都政というパブリックのルールの中で生まれる事業である以上、「都市再生への貢献」の判断基準としては、単に路上を歩いているだけのパブリック、CDショップで音楽を聴いているだけのパブリック、路地裏でブレイクダンスの練習をしているパブリックにも居心地の良い場所が確保される、といったことも期待していいはずである。もっと踏み込んで言えば、そういった人々が何かを表現し、何かを発信したいと思えば気兼ねなくできるような環境が、未来の渋谷の街にも息づいているだろうか、ということだ。それは市民が考えておくべき課題だと思う。

ストリート空間は大丈夫か?

都市再生事業によって根本的に何が変わるのだろう?

まず、渋谷に限らず日本の大都市で展開されているこの事業によって、物理的な変化が共通して起こる。75頁の図を見てわかる通り、低層で細かな建物をひとまとめにし、超高層ビルに変身させる、というのが都市再生事業の標準的なパターンだ。都市の経済活動や使う人々の利便性という観点から、空中のスペースを使って土地利用の効率をぐっと上げよう、という考え方である。

それで何が起こるかというと、それまで建物の合間を縫っていた路地、そこに育まれた場所の雰囲気や性格、例えば街の表と裏の表情の違い、猥雑さ、老朽、危なさ、あるいは横丁やコミュニティのつながりといったものが消え、エリア全体が巨大な高層ビルという大きな新しいパッケージの中に包み込まれることになる。つまり、都市の単位が一気に巨大化し、街の雰囲気が突然変異することになる。

新しいパッケージの中には、未来を先取りするためのさまざまなシナリオが仕掛けられているかもしれない。日本と東京都と渋谷区と駅周辺に在来するさまざまなステークホルダーの、未来への思いが詰まった大建築。それ自体は素晴らしいのだが、これまでの「路上」という屋外空間が消え、同じ場所を歩く人は屋内空間を歩くことになる、ということも一考しておくべきなりゆきだ。

路上空間が大きな建築の内部に取り込まれ、消えていく。新たに生まれた建築の屋内はつねに快適な温度と湿度に空調され、広々としていて、刺激的かつ快適な空間になっているだろう。ただ、建築である限り、屋内空間は特定の企業または共同企業体の管理下に置かれることになる。そこを歩く人々は、そのことをふだん意識することはなくても、無意識に動作を左右されることになるだろう。

いや、渋谷で路上空間というなら宇田川町界隈やセンター街があるじゃないか、と言うかもしれない。それは確かにそう。キャラクターの強い界隈が元気であり続けることが、渋谷全体が繁栄していく前提だということは誰もが同意すると思う。しかし、駅周辺にこれから建てられる超高層ビルの数とスケールを考えると、古い界隈とのバランス・オブ・パワーが保たれるのかどうかは問われるところだ。新しい超高層ビル群が素晴らしい、便利だ、と思われれば思われるほど、人々はそのエリアの屋内空間だけを体験する傾向も強くなるだろう。

そこでアリスが考えたのは、新しい超高層ビル群のことではなく、そのまわりに残る渋谷の界隈が、どうすれば新しい力を付けられるか、ということだった。そして行き着いたのが、ストリートの発信力を高める方法の提案である。

世界に向けた文化の発信力?

二〇〇七年、渋谷区は「渋谷駅中心地区まちづくりガイドライン2007」を公表した。これからこういうビジョンを掲げ、渋谷駅を取り巻くエリアをこんな都市《まち》にしていきますよ、という近未来へのシナリオを描いたものである。

渋谷区は都市再生緊急整備地域として渋谷駅周辺で行う再開発事業の提案を審査した東京都と、審査内容に関する意見調整を行う立場にあった。そこで、提案が採用された後に事業者との話し合いを進め、このガイドラインをまとめたという[★25]。

ガイドラインでは、渋谷に存在する様々な課題が指摘され、どんな方法でそれを乗り越え、どんな街にしたいかということがわかりやすく述べられている。渋谷駅とその周辺の都市再開発ではどんなことに価値が置かれているかもわかる。

まずは、再開発によって未来の都市像を目指す上で、駅中心地区のユニークなキャラクターがどんな点であり、どんな課題があるかが明記されている。そしてそれを乗り越える戦略として、「都市再生事業」の中身が述べられている。

駅中心地区全体の未来像は、「世界に開かれた生活文化の発信拠点〝渋谷〟のリーディングコア」をつくることだという。例えば文化に絞って見ていくと、再開発による達成目標は次のように記されている。

★25　渋谷区「渋谷駅中心地区まちづくりガイドライン2007」2007年

商業・業務・文化機能の集積を活かし、多世代による先進的な生活文化等の情報発信拠点を形成［★26］。

一方、このエリアがもつ独自性の一つは、「時代と共にシンボルが生み出され、さまざまな文化を蓄積・発信」してきたことだという。その通りだと思う。しかし、それに関して取り組むべき課題として、次のことが挙げられている。

●発信力・求心力の相対的低下、文化の若年層化

●世界における「文化」を核とした都市づくりの潮流への対応が必要

文化の若年層化は課題として捉えられ、渋谷には文化を育む都市として世界的な潮流とのギャップがあると考えられているのである。そして、これらの課題を乗り越えるための戦略として挙げられているのが、「渋谷を発信する〜生活文化の創造・発信拠点の形成」である。具体的には、次の三つを実現していくという。

●世界への発信と集客、マルチチャンネルな交流を促す文化のシンボルエリアの形成

●アーティスト・クリエイター、コンテンツ産業の発展・発信・育成を促す環境の整備

★26　渋谷区「渋谷駅中心地区まちづくりガイドライン2007」5頁「駅中心地区の将来像」
★27　同上、6頁「駅中心地区の将来像を実現する7つの戦略」
★28　同上、7頁

●渋谷ライフを支援し、多様な都市活動を支える機能の強化［★27］

だんだん分かってくるのは、少なくとも再開発エリアにおいては、中心となる利用者が若年層よりも上の年齢層にシフトすること、そして、今よりも成熟した文化が育ち、発信されていくことが望まれている、ということだ。

そのために、具体的な方策として「文化のシンボルエリアの形成」を掲げ、「世界レベルの文化施設の集積」と「既存文化施設との連携・機能分担［★28］」を進め、「渋谷全体の文化の創造・発信機能の強化」を図っていく――つまり、世界に発信したい文化のインキュベーターとなる環境づくりをしていこうという。

さらにガイドラインでは、発信力のあるクリエイティブな人材が育ち、その成果が世界に発信されていくような産業体制をつくり、「渋谷ライフの支援」として、外国人を含む多様な人々が生活の豊かさを感じられるような都市機能をつくる、という方策も後に続く。確かに政府や自治体が掲げるビジョンと達成目標は理解できるのだが、そのオフィシャルな未来像の中に渋谷を象徴する文化の入る余地《スペース》はあるのだろうか？

長々とガイドラインを引用したが、その理由は、渋谷区を中心に共有されている公式の未来のシナリオでは、新しい文化施設や文化産業を主人公とするストーリーの中に、どうやらストリートカルチャーやユースカルチャーは入っていないか、少なくとも優先項目の中には入っていないのではないかと問いたかったからだ。

アリスは建築思考的な観察と分析を通して、渋谷にはもう一組の二つの世界があると指摘した。すなわち「デザインされた空間」と「テリトリー化された空間」である。再開発でできる新しい街は「デザインされた空間」。一方、スクランブル交差点やセンター街といった独特のキャラクターを持つエリアは、人々の多様の営みの中で特別な意味を持つようになった「テリトリー化された空間」である。

渋谷の街の個性やイメージ的な価値といったものもまた、この二つの世界が絡み合って作られていくものだ。つまり、デザインされた空間が巨大なスケールを得た時、一方のテリトリー化された空間もそれなりのパワーを持たざるを得ない、というか持つべきなのだ。

それは誰が考えるべきなのだろう？　自治体としての渋谷区や東京都だろうか？　それもあるだろう。だが、まずは市民の間でそのことが議論されるべきだと思う。議論といっても、新国立競技場や豊洲市場の時のような敵対的なディベートではなく、みんなに開かれた話題として、楽しく建設的にディスカッションができたら良いと思うのだ。

アリスは問いかける。スクランブル交差点のような世界にも稀有な都市的祝祭空間を生み、育んできたストリートの人々の自由で生き生きしたふるまいを守っていくことが、渋谷ではこれから一層重要になっていくのではないだろうか、と。その伝統から学び、場所の意味や使い方を賢く変えていくことは、路上を歩く人々にも可能である。

第2章

新しい働き方を触発する都市《まち》

はじめに

働き方が変わる場所

ハーバードGSDの東京セミナーが行われた二〇一六年の秋、日本ではちょうど「働き方改革」という政府発のキャッチフレーズが広がり始めていた。安倍首相が「働き方改革実現推進室」を内閣官房に設置したのがちょうどその頃。ちなみに「一億総活躍社会」「女性が輝く社会」が発信されたのはその一年前だった。初めて日本を訪れたエミリー・ブレアが、社会のことを知ろうとしてネットにアクセスすれば、このトピックがしょっちゅう登場していたはずだ。

「一億総活躍社会」や「女性が輝く社会」の方はもうあまり聞かれなくなったが、「働き方改革」という政府の達成課題《アジェンダ》は、長時間労働の深刻な問題や労働力の圧倒的な不足など、切羽詰まった状況の中で日本社会に浸透していった。今もこの言葉が新聞の紙面に載らない日はない。

こうした流れの中、企業体制や働き手の意識も急速に変わり始めている。それだけではない。働く環境を考える意識にも大きな変化が現れ始め、シェアオフィスやコワーキングオフィスはすでに日本社会でも常識になった。

エミリーの観察と提案がずば抜けていた点は、渋谷の街の未来を日本社会の地殻変動の兆しに直接ドッキングさせたところだ。再開発事業により、渋谷駅の上や周辺地域の空中はこれから超高層ビルで埋められていくだろう。どのビルも未来型のオフィスやそれをサポートするさまざまなアメニティで埋め尽くされているだろう。オフィス人口の需要を支える、ＩＴ企業を中心とするベンチャー企業やエンジニアを応援するという意味で、渋谷の超高層ビル群は大いに活躍することになるだろう。

一方、そこから視点をズームアウトさせた時、渋谷の街は新しい光の当たるエリアと陰になるエリアに分かれることになったりはしないか？　在来の中小規模のオフィスビルや雑居ビル、古いアパートや家屋は、再開発によって相対的に価値が下がっていくという状況に甘んじるしかないのだろうか？

エミリーが考えたのは、ならば陰になるエリアにも新しい価値を見つけて育てればいい！　そこに超高層ビル群にはないキャラクターが定着すれば、ウィン・ウィンの関係になる、ということだった。

シェアオフィスやコワーキングオフィスについていえば、一定の空間的イメージが日本で定着しつつある。流行りのコワーキングオフィスはなぜかアメリカ西海岸っぽいデザインだが、若者のクリエイティビティを引き出すオフィス環境のデザインはこれからますます進化していくに違いない。ただ、こうしたオフィスはまだ個々のユニット、つまり点として考えられている。エミリーが提案するのは、ビル全体、エリア全体のネットワークという風に、点よりも面や立体としてメリットを発揮する、広がりのある環境である。

それが一体どういうものなのか、まずは彼女の観察と提案を読んでもらうとしよう。その後で、エミリーの建築的思考による「働く環境」「職住近接の街」について考えてみたい。

観察と提案

街全体を働き方改革の実験場に

エミリー・ブレア

観察

多様性を受け入れるハブ

渋谷はインターフェイスだ。多種多様の空間がそこで水平・垂直の両方向に交差し、さまざまな交換を可能にしている。その交換を通して、新しいスタイルやアイデアが次々と生まれていく。渋谷の人々は、道路、地下道、立体歩道橋を歩き、互いにすれ違う。一日の歩行者数は十万人に上るという［★1］。渋谷の街に固有の文化があるとすれば、この多くの人たちがそれを日々、維持していることになる。渋谷が東京の重要な文化的ハブであるとするなら、その文化は都市空間のありようにも織り込まれているに違いない。

渋谷には働く人々が絶えずエネルギーを注ぎ込む一方、多数の買い物客や観光客たちが押し寄せては返している。多種多様の人々の営みが、渋谷のアイデンティティを育んでいるのだと思

★1　渋谷区「渋谷駅中心地区まちづくりガイドライン2007」資料より。渋谷区「渋谷駅周辺地域都市安全確保計画」（平成28年）によれば、渋谷駅周辺地域の滞在者ピーク時は14時で約14万5千人。

う。ハブとして機能する場所は、人々の交流とモノの交換によって繁栄する。

　渋谷では駅周辺地区の再開発が着々と進められている。この再開発によって渋谷のアイデンティティがどのようなインパクトを受けるのかが気になるところだ。渋谷という有機組織が新しい力を受けることによって、これまでに築いた都市《まち》としての価値をさらに高めていくのでなければ意味がない。

再開発とは異なる価値を目指す

　再開発が進むかたわら、今の渋谷にある動的なアイデンティティを維持するための方法とは何だろう？

　渋谷には大小さまざまなスケールの建物が建っている。スクランブル交差点自体は広いが、そのまわりには急に狭くなる路地もあったりする。土地の高低差もある。建物の大小、広く開けた場所と狭い場所、フラットな場所と坂になった場所……。渋谷の街は変化に富んだ空間構成をしていて、それが渋谷の街の魅力になっているのだと思う。おそらく、知らず知らずのうちに私たちの視覚や肉体を動的に刺激するそうした特徴が、渋谷のサブカルチャーの多様さにも関係しているのではないかとも思う。

　駅周辺の再開発では、中小規模の建物が集約されて超高層ビル化していく。そうすると、中小規模のまま残っている建物の価値は相対的に下がるのかもしれないが、私はそれらの建物に「眠れる価値」がないかと探し、それを育てることに一つの可能性があるのではないかと思っている。超高層ビルの中に生まれるオフィススペースとは対照をなす、空間としての、あるいはエリアとしての価値を古い中小規模のオフィスビルの中に生み出すのは容易なことではないと思うが、人だけでなく、建物の多様性を維持することが、あらゆるものを受け入れる（と思わせる）渋谷のアイデンティティを守ることになると思うのだ。街の一部が巨大化、超高層化する一方、別の価値を持つ中小のビルも生き生きとしている、そんな都市の状態を作る。中小規模の古い建物をどうリサイクルして活用するかは、渋谷に限らず、日本全体にも当てはまる課題でもあるように思う。

超高層ビルの出現によって、未来先進型のオフィススペースが大量に作り出される。私は、それと並行して、渋谷の街に立つ中小規模のビルを眠れる資源と考え、超高層再開発とは別の方法によって開拓する方法はないか、と考えてみた。渋谷の街のかなりの部分を占めている、比較的古い中小規模のビルを活性化して、新しいビジネスマン、新しい住民をテナントとして作り出すのである。これまで、若者のオルタナティブな文化を育んできた渋谷らしい、多様な文化的価値をも持つ仕事の環境、あるいは人のネットワークをそこで育て、広げていくことはできないだろうか。それは、オフィス空間のどんなモデルチェンジによって実現可能だろうか。

明治通りの観察

渋谷の街の発展は一九三四年、渋谷に東急東横線のターミナル駅ができたあたりから始まった。一四〇年前は低地の水田地帯だったところが、都市化と商業化を遂げ、東京の中心地の一つに発展した。駅が谷底に位置していることと、さまざまな方法によって商業開発が行われ、一区画を丸ごと占める大きなデパートと中小規模の店舗が隣合わせになって混在していることで、街の様相は変化に富むものとなった。しかし、大型の商業施設に比べ、渋谷に建つオフィスビルや雑居ビル（店舗、オフィス、住宅などが混在しているビル）の多様性についてはあまり語られていないようだ。

明治通り沿いに並ぶ、店舗の入ったいくつかの小規模な雑居ビルのワンフロアの平面図を比べてみると、広さに極端な差があることがわかる。ビルのワンフロアの面積としての最小は七〇平方メートルで、これは日本の多くの家族が暮らす家やアパートのサイズ（七メートル×一〇メートル）でもある。ある意味、東京の一般的な広さの単位と考えてよいだろう。

こうした小規模な雑居ビルの敷地がまとめられて再開発されると、建物は一〇階程度のオフィスビルになるケースが多いようだ。さらに、一区画全体が巨大な超高層ビルになる場合もある。すると雑居ビル的なテナントのバラエティは消え、超高層ビル的な新しいテナントに入れ替わる［★2］。

雑居ビルの床面積を比較していくうち、私は比較的大きなビルのほとんどが、渋谷駅から放射

★2　2027年に完成予定の渋谷駅周辺地区再開発では、数区画がいわば「スーパーブロック」に変わり、高さも一気に100メートルないし、200メートル以上にまで伸びる。そこでは建築内部の巨大な空間が、垂直方向にも水平方向にもヒューマンスケールに分けられていくことになる。

明治通りに並ぶオフィスビル、雑居ビルのワンフロアの面積

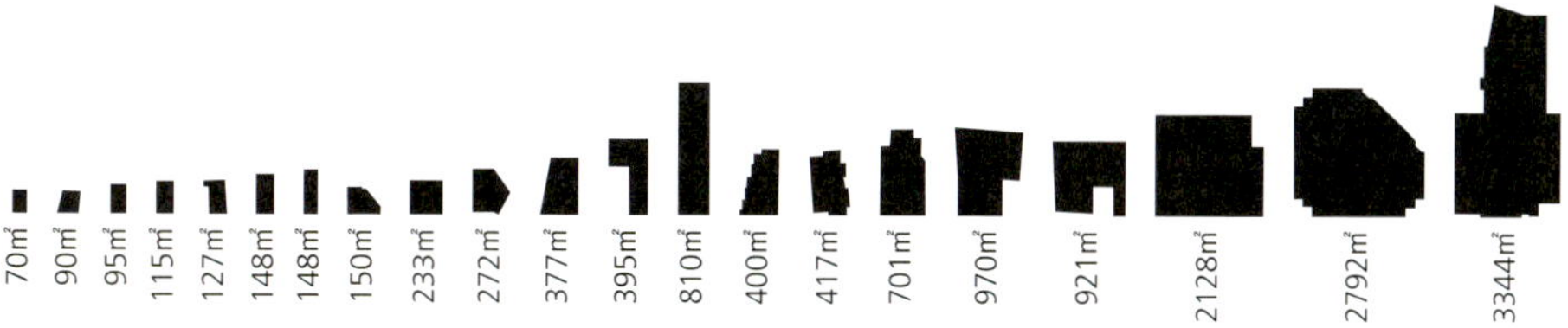

明治通り沿いのオフィスビル、雑居ビル

状に伸びる主要道路沿いにあることに気がついた。駅を降りて仕事に向かう人々の多くにとって、渋谷駅から半径五〇〇メートル以内のエリアが行動範囲であり、このエリアの店舗やレストランを使っている、とみてよいだろう。

最初は気づかなかったが、このエリアには低層の戸建て住宅もアパートも結構ある。駅の東側には個人住宅や小規模のアパートもあり、南側には高層マンションやオフィスタワーがそびえている。渋谷の駅から近くても、住宅はかなりあるのだ。ビジネス空間と居住空間の混在状態も、このエリアの特徴と言えるだろう。

フレックス・スペース——新しい働き方の空間

新しい働き方の空間を考える上で基本となるのは、日本で言う「働き方改革」への方向性だと考える。そして新しい働き方《フレックスワーク》を実現するために空間的に必要となるのが、フレックス・スペースという環境である。フレックス・スペースとは、自由な使い方ができるよう、フレキシブルに設計されたスペースのことで、予想を超えたものごとの展開が起こり得るための土台となる。私の提案としては、フレックス・スペースの可能性そのものを開拓しつつ、渋谷だから可能なことが起こるよう、多様なテナントが多様な活動を展開していけるようなシナリオを考えたい。

最終的には、そうしたフレックス・スペースをテナントとして活用することのできるスタートアップ企業が、渋谷の新しいインターフェイスになるわけだ。とりわけ、働きたい女性が注目

規模の異なる住宅、マンション、オフィスビルが混在するエリアが渋谷駅の近くにある

し、渋谷の街のポテンシャルを再開発とは異なる方向に開拓してくれるようになれば、街への起爆力は大きいはずだ。これについては後で詳しく述べる。

フレックス・スペースには「フレキシブルオフィス」と「コワーキングオフィス」という、二つの考え方がある。フレキシブルオフィスは、空間が自由に構成できるオフィスである。デスクや椅子を動かして自由にフォーメーションを組むことができる。毎日違う椅子に座るのもいい。基本的に偶然のチャンスが誘発され得る、自由なオフィス空間である［★3］。

一方、コワーキングオフィスは、仕事をする人たちの自立性が高まったことで普及した。単にプリンターや会議室をシェアするだけでなく、似たような関心や感覚を持つス

★3 Laura Entis, "The Open-Office Concept is Dead". Fortune, May 12, 2016. Kay Sargent, "Google didn't 'Get it Wrong': A deeper look into that recent WaPo piece about open offices". Work Design Magazine, January 7, 2015.

渋谷駅周辺の商業系ビルと住宅系ビル

店舗の入った雑居ビルは、駅から半径500メートル以内に集中している

□ オフィスビル、雑居ビル
■ フレキシブル・オフィスを入れるエリア
■ マンション

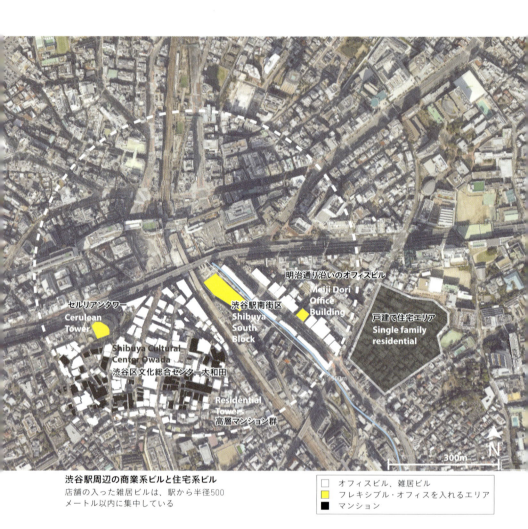

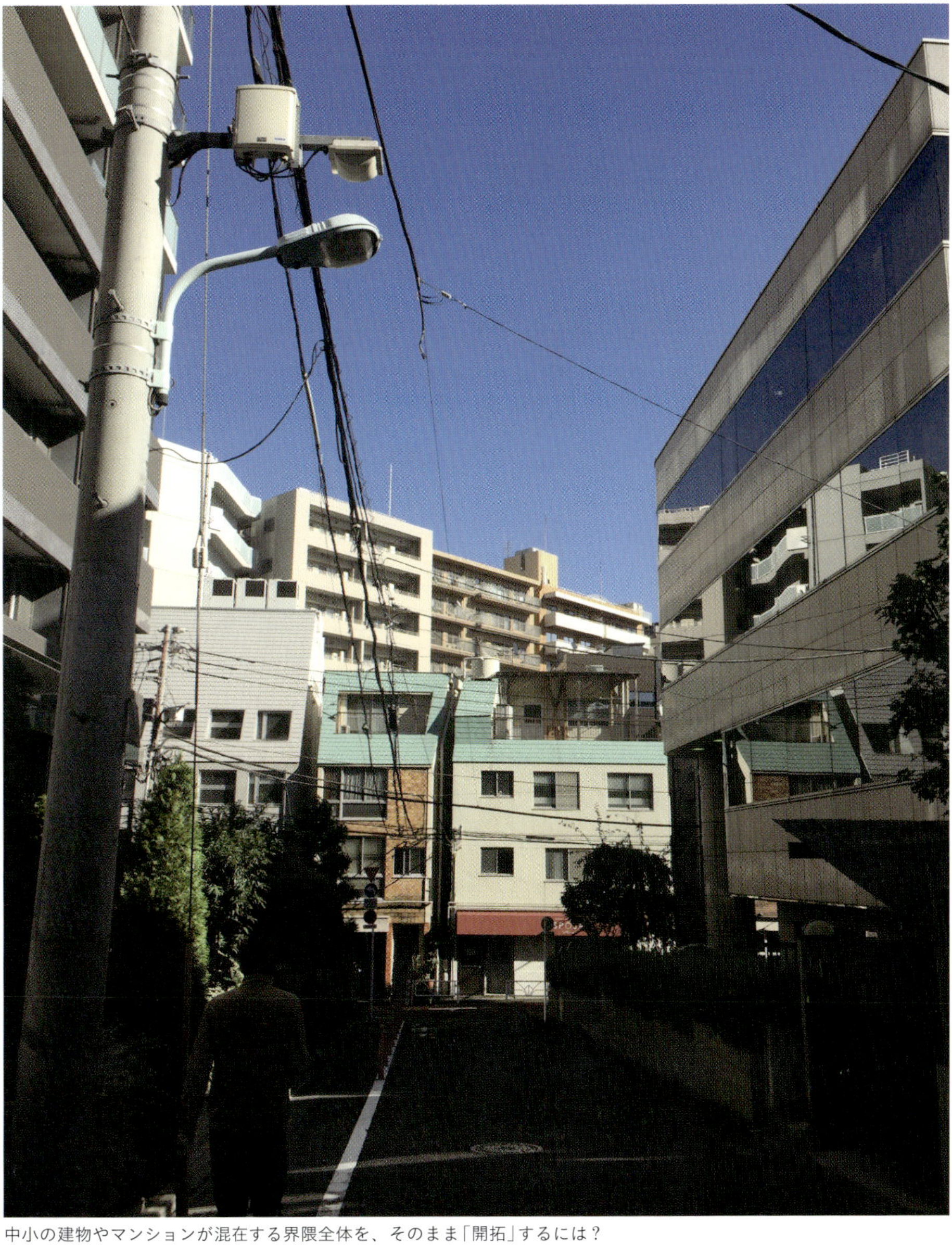

中小の建物やマンションが混在する界隈全体を、そのまま「開拓」するには？

タートアップ企業が集まりコミュニティが育つという、肥沃な土壌ならぬ肥沃なビジネス環境となる。さらに、情報や技術や知識といった重要なリソースが集まる、アイデアのやりとりがしやすくなる、プロジェクトやビジネスの推進力が高まる、といった効能もあり、起業家だけでなく、フリーランスワーカー［★4］やフレックス制で働く会社員にとっても魅力的な空間スタイルとなる［★5］。

提案

オフィスビルのキュレーション

これら二つのオフィスタイプをうまく活用して渋谷のビルの特徴を多様化することが、再開発エリアの外で新しいオフィスの波を作り出し、新しいタイプのビジネスコミュニティを作るための基本条件となるのではないかと私は思う。その上で、超高層ビルのオフィススペースにない価値をどうやって作るかが究極の課題だ。

一つは賃料。これは超高層ビルのオフィスに比べ、楽にクリアできるだろう。問題はどうやって中身としての付加価値を作るかである。

★4　R. O'Day, "Escape from Work: Freelancing youth and the challenge to corporate Japan". Pacific Affairs, 81（4）, 2009: 638-639.

★5　Courtney Boyd Myers, "The 5 Coolest Coworking Spaces in New York City". Insider, August 17, 2011.

私は一つのビルの中に、あるいは近隣同士のビルのネットワークの中に、コミュニティのような関係性を作り出すことに可能性があると考える。超高層ビルとは異なる空間的な環境の中で、よりインフォーマルで、行き来がしやすく、偶発性に富んだオフィス同士の関係が、古い中小ビルのエリアには作り得ると思う。また、このエリアにすでに存在する、ビジネス空間と居住空間が入り混じっている状態を活用する方法もあるだろう。

コワーキングオフィス空間の考え方を拡大して、企業やワーカー同士の交流を促進し、新しいアイデアが生まれやすい環境を作る。つまり、オフィス空間を単体として考えるのではなく、ビル全体、エリア全体のオフィス・ネットワークも同時に考え、集積効果、相乗効果を求めることも重要だと思う。

オルタナティブなオフィスビルを作り出す方法としては、例えば、テナントとして広範囲のセクターからスタートアップ企業を集め、戦略的に組み合わせることにより、ビル全体としての個性を作り出すことが考えられる。つまり、テナントをキュレーションするのである［★6］。池袋パルコがパイオニア的に始めた戦略的なテナントの入れ替えシステムが、一つのヒントになるのではないかと思う。テナントとして入る企業が互いに競合しつつコラボレーションもし、アイデアやノウハウが直接・間接に交換されるようになれば、ビル全体として瞬発力のあるビジネス環境が生まれるのではないかと思うのだ。

スタートアップ企業が投資家と出会える機会を提供する環境も考えたい。起業家たちは技術的

★6 George Bradt, "Why you should adopt Google's nested approach to office layout". Forbes, June 17, 2014.

な環境を整えることで自主的なパワーを伸ばし、発展する、というビジネスモデルを好む。比較的わずかな初期投資でアイデアを開拓し、早晩、投資家たちの関心をつかむことも念頭に置いている。一方、投資家となる企業の方でも、社内より社外に目を向け、スタートアップ企業の中から最新の発明やアイデアを探し出そうとする傾向が強まっている。

スタートアップ企業と投資家を出会わせる一つの方法としては、日本のデパートが考え出した「シャワー効果」の応用が考えられる。美術館や遊園地など、人々を惹きつけやすいものを最上階に置いてビジターをまず一番上まで上げ、エスカレーターでゆっくり下りながら買い物をしてもらう、という手だ。投資家がビル内のスタートアップ・ベンチャーをどういう動線で訪ね歩けば、新しいビジネスチャンスが生まれやすくなるか。興味深い、建築的な課題でもある。

こうしてスタートアップ企業のエネルギーを渋谷のインフォーマルなフレックス・スペースに集め、そこに新しい文化やニッチなサブカルチャーが育っていくことを目指す、というのはどうだろう。そうやって、従来の渋谷らしさがクリエイティブな起業ビジネスとともに新陳代謝していく、というシナリオは考えられないだろうか。

女性のための働き方改革

渋谷駅周辺の古い中小ビルを開拓する上でもう一つ、大きな可能性となると思うのは、女性の働き手にアピールすることである。女性の働き手を増やすことは今や日本のナショナル・アジェ

★7 Karen Kawabata, "Holding back half the nation". The Economist, March 29, 2014.

女性の年齢別就業率の比較

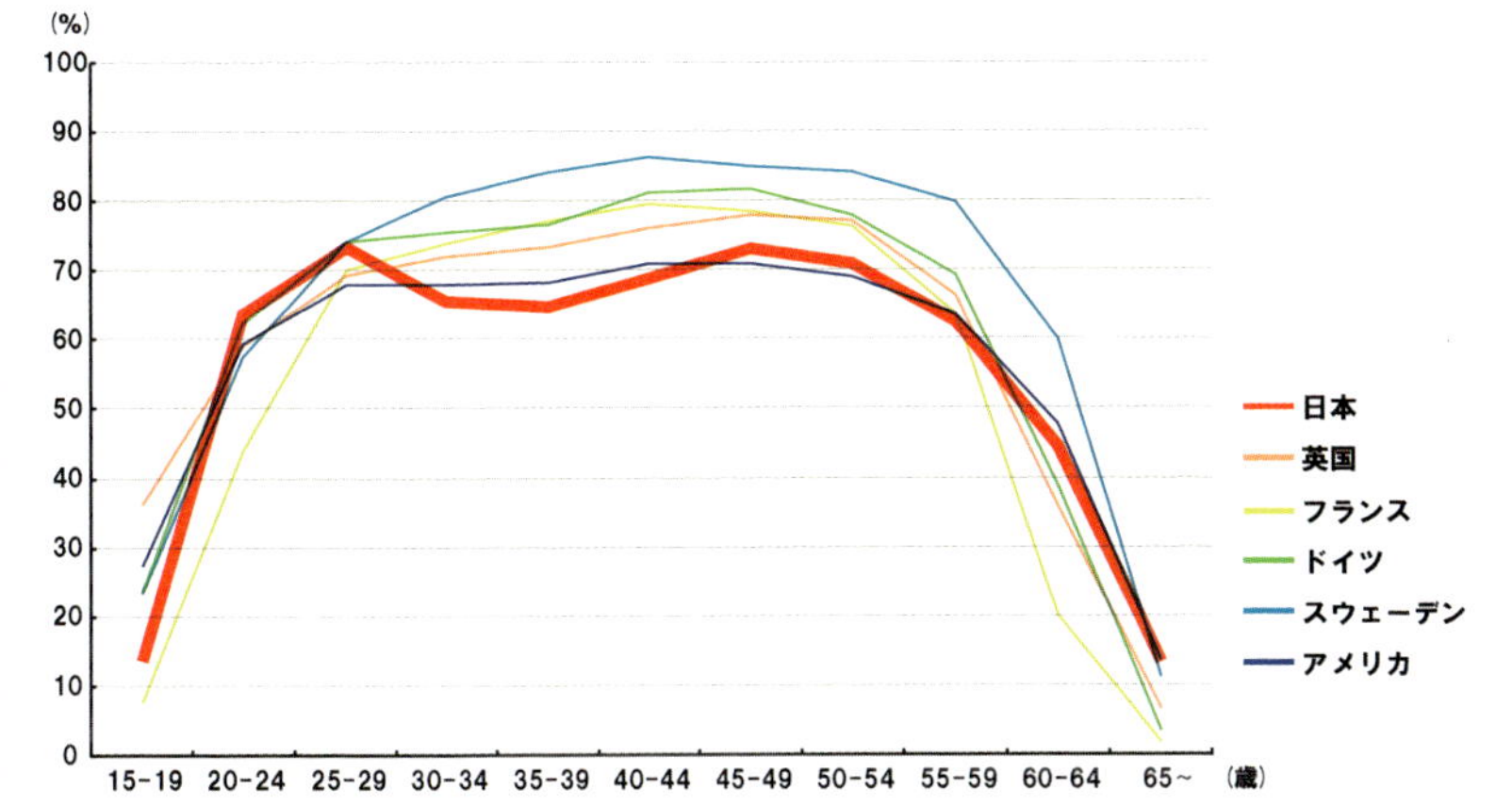

資料：労働政策研究・研修機構「データブック国際労働比較2014」
(注)アメリカ、英国、スウェーデンの「15〜19」は「16〜19」のデータ、スウェーデンの「65〜」は「65〜74」

出典「平成27年版厚生労働白書」

ンダにもなっているほど重要な社会的課題だ［★7］。そこで思うのだが、女性労働者のコミュニティを育てる、という実験を渋谷で行えばいいのではないだろうか。

日本では、労働力全体に占める女性の割合が、労働年齢の途中で急に下がる、「M字カーブ」という現象が起きている。この状況を改善し、女性を労働市場に呼び戻すことが、少子高齢化と労働人口不足を抱える日本の経済を回復させる上でも不可欠となっている［★8］。幸い、フレックスタイムの導入、子育て支援、高齢者の介護人材の確保［★9］といった課題が日本の社会にも認識されるようになってきているようだ。

フレキシブルな働き方ができる環境が整い始めた今、女性たちは仕事を継続する、あるいは仕事に復帰することをますます真剣に考

★8　Kathy Matsui, Hiromi Suzuki, Kazunori Tatebe, and Tsumugi Akiba, “Womenomics 4.0: Time to Walk the Talk”. Goldman Sachs Portfolio Strategy, May 30, 2014.

★9　Kathy Matsui, “Womenomics continues as a work in progress”. The Japan Times, May 25, 2016.

え始めていると思う。フレックスワークが可能なスペースでコワーキングするという選択肢があれば、女性の中にもそこで革新的なアイデアを生み、発展させ、独立したいと思う人たちが増えていくに違いない。

リサーチして知ったのは、日本政府も私と同じような考え方をしているということだった。安倍首相は男女の労働人口の格差を認めている。政府は国の生産力を高めるための試みとして、「ウーマノミクス」という新しいプログラムを開始した［★10］。日本では国全体が、女性は家庭を支えるべき存在だと考えてきたし、女性の労働に対して消極的だったと理解している。現実には、女性が仕事をしようと思ってもまだまだ子育てから離れられない状況だと思うが、それでも女性が今までより長期的に仕事が続けられる、希望すれば別のポジションに就ける、再就職が難しくない、生き甲斐を感じられる、といった環境作りを促進する方向には向かっていると考える。日本の起業家の中で女性が占める割合は現在、三〇パーセントだという［★11］。この数字が増えることは、日本経済に新しい労働力資源への扉がもっと開かれることをも意味するだろう。

明治通りのオフィス・テンプレート

渋谷駅周辺エリアを観察してみると、明治通り沿いには築三十年近い、小規模のオフィスビルがかなりあった。そういう建物は改修によるメリットが高そうだ［★12］。解体・改築ほどの費用をかけなくても、建物の価値を上げることができるからだ。ちなみに、建設廃棄物を減らすこと

★10 Shinzo Abe, "Opening Speech by Prime Minister Shinzo Abe at the Open Forum, World Assembly for Women in Tokyo: WAW! 2015". August 28, 2015. Kathy Matsui, Hiromi Suzuki, Kazunori Tatebe, and Tsumugi Akiba, "Womenomics 4.0: Time to Walk the Talk". Goldman Sachs Portfolio Strategy, May 30, 2014.

★11 内閣府男女共同参画局「男女共同参画白書 平成30年版」

を環境目標の一つとして掲げる日本は、建築の解体と改築の数を減らしていく方向にあるという[★13]。さらに、渋谷駅や住宅街に近いエリアのビルを改修して新しいタイプのオフィスを作れば、ポテンシャルユーザーにとっての価値は高いだろう。

私は明治通り沿いの古い中小規模のオフィスビルを改修してフレックス・スペースを作るというシナリオを設定してみた。そして実在する一つの建物を土台のサンプルとして選び、そこに新しい仕事環境となる柔軟性の高いオフィススペースを考えてみた。

最初に思い描くべきは、他人の存在がストレスになったり、集中を妨げたり、というのとは真逆に、生産性の高い人々と一緒にいることで、こちらの士気も高まるといったスペースをどう作るかだ。古いオフィスを改修する場合、まず、床面積がどれだけあり、窓がどこに付いているかによって、そのフロアで使えるスペースの輪郭が決まる。こうした絶対条件に加え、スペースの見栄え、雰囲気、騒音レベル、照明の具合なども、人が自分の仕事にモチベーションを感じ、あるいはそこにクリエイティビティを発揮できるかどうかに影響してくる。

例えば、壁の外見あるいは状態が良くない場合は、みなが壁に背を向け、中央のテーブルに向かって座るのがベストかもしれない。あるいは、窓から外が見える場合、外の世界に向けて何かを作ったりデザインしたりしているような感覚が、仕事のテンションを高めるかもしれない。スペースに余裕があれば、キッチンや会議室や倉庫などのアメニティを加えてもいいだろう。

日本のソフトウェア企業サイバードが本社を代官山に移転した動機は、クリエイティブな雰囲

★12 Philip Brasor and Masako Tsubuku, "Japan's 30 year building shelf-life is not quite true". The Japan Times, March 31, 2014.

★13 Tetsuya Saigo, Seiji Sawada, and Yositika Utida, "Future Direction of Sustainable Buildings in Japan". Open House International, 36, no.4 (2011): 5-19. Elizabeth Braw, "Japan's disposable home culture is an environmental and financial headache". The Guardian, May 2, 2014.

提案——明治通り沿いフレックス・スペースのテンプレート

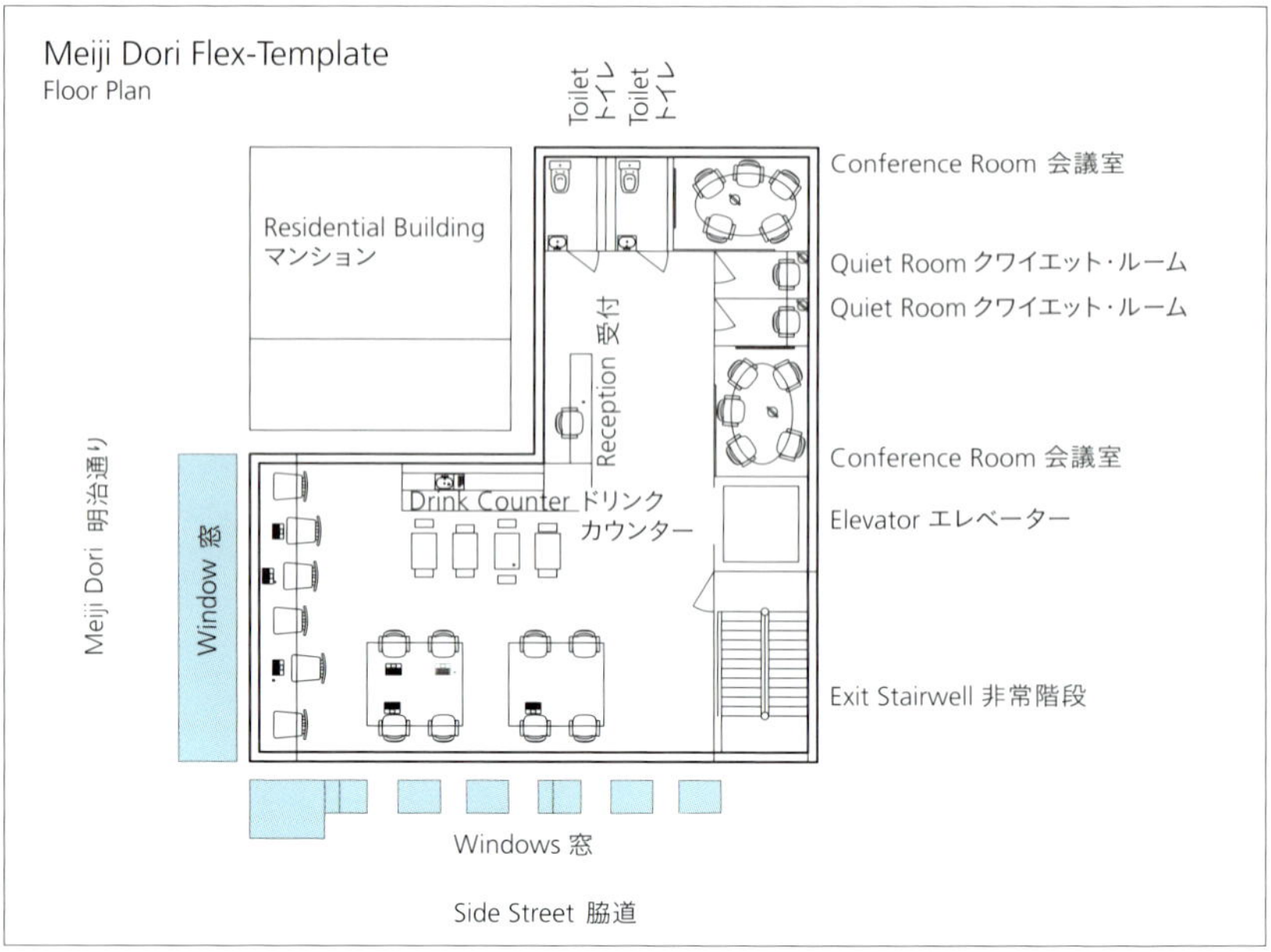

提案——明治通り沿いフレックスビルの平面構成

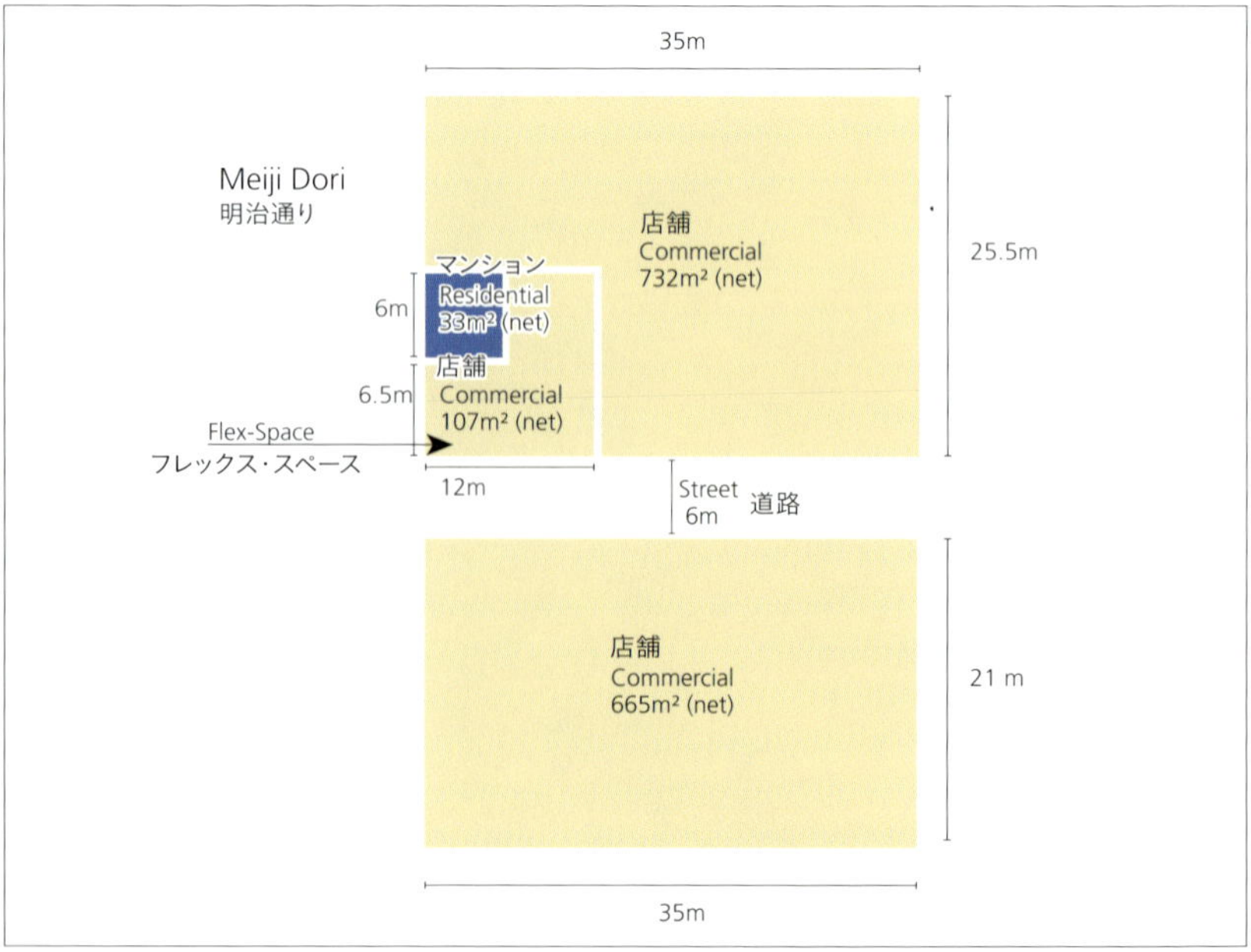

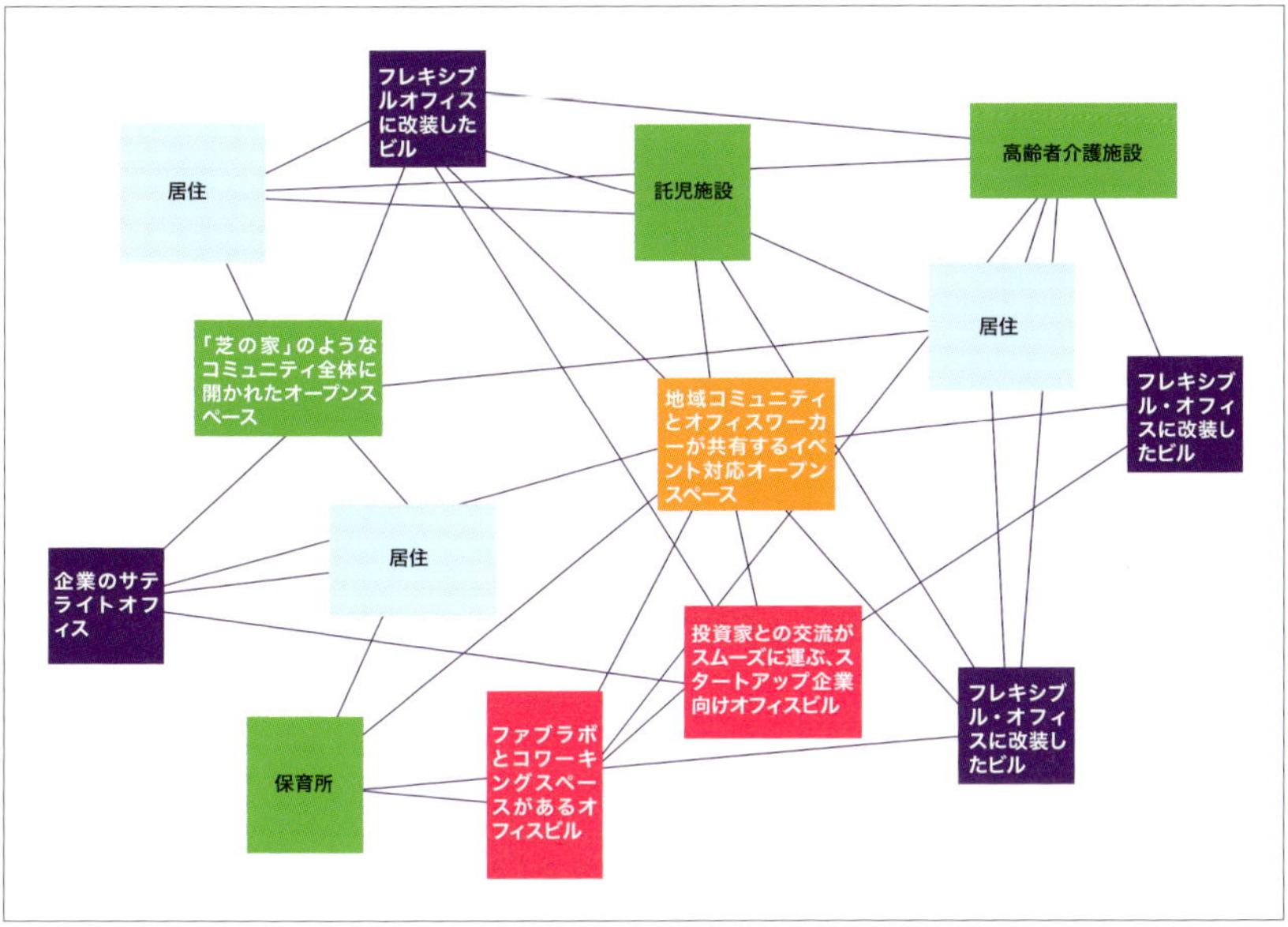

提案——職住近接の街——空想的マスタープラン

気の中で仕事をしたいからだったという［★14］。Wi-Fi環境、プリンター等々、標準的な環境が揃っていることを前提に、仕事をする人がどれだけ自分たちの力を発揮できる空間であるかが、オフィススペースの人気を左右するのだと思う。

ユーザーの立場から言えば、オフィススペースの物理的・設備的な内容（広さ、明るさ、通信環境、アメニティなど）に加え、そこにどんな渋谷らしい特徴やキャラクターがあるかが、選択の決め手となるだろう。渋谷のクリエイティブなアイデンティティ、あるいは大規模再開発という新しい趨勢に対するオルタナティブな個性が、ユーザーのビジョンとどう重なり得るかを模索しなくてはならないだろう。

渋谷の街はすでにさまざまなもののイン

★14　株式会社サイバードホールディングス、2012年9月3日プレスリリースターフェイスとして機能しているが、既存の街のありようをうまく活用することで、そのインターフェイスからさらに新しいビジネスとサブカルチャーを同時に生み出していくことができると考える。そうすればきっと、渋谷の街全体の競争力と革新力が高まっていくことにもなると考える。

※特に記載のない写真は筆者撮影。

働く人々のコモンスペースとしても機能し得る公園

考察

なぜ渋谷で新しい働き方を考えるのか?

ビットバレーを生んだ力

渋谷には働く場所としての輝ける過去《レガシー》がある。一九九〇年代末から二〇〇〇年代初期の「ビットバレー」なる現象がここで生まれたことがそれだ。

今ではIT企業として日本ではリーダー的存在となったネットエイジ(スマホを中心とするネットメディア企業。現在、ユナイテッド)、サイバーエージェント、ディー・エヌ・エー、ミクシィ。皆、九〇年代末に渋谷エリアで起業し、急成長した。ネットエイジは松濤のアパートで起業、サイバーエージェントは渋谷と原宿の中間の明治通り沿いに建つペンシルビルで誕生、ディー・エヌ・エーは富ヶ谷、神山町、幡ヶ谷のアパートや小規模なビルを、ミクシィは神泉や道玄坂の中小ビルを転々とした。林郁《かおる》氏と伊藤穰一氏が作ったデジタルガレージの前身も富ヶ谷をベースとしていた。

「ビットバレー」という名前は「渋」の「bitter」→「bit(デジタル技術の単位)」と「谷」の「valley」

をくっつけた造語で、ネットエイジの創設者が渋谷をシリコンバレーのようなネットベンチャーのハブにしよう！　と言って広めたのだという。その構想がいきなりリアリティを持つほど、渋谷エリアでのＩＴ関連ベンチャーの成長は目覚しかった。

彼らが仕事場として渋谷を選んだ理由は、単にバブルが弾け、六〇年代後期から現れた中小の雑居ビルが大量に安く市場に出たからだけではなかった。彼らは丸の内や大手町といった旧世代のビジネス街区のアイデンティティに加わりたくなかったし、そもそもビジネスの対象も自分たちも若い。渋谷の路上からは、グランジだの渋カジだのといった若者のトレンドが発信されていた。若くてクリエイティブな起業家たちがこの街の自由な表現力に魅力を感じ、ここを自分たちの拠点にしようと思ったのも頷ける。

東京23区対象エリア別の
IT企業数と設立年

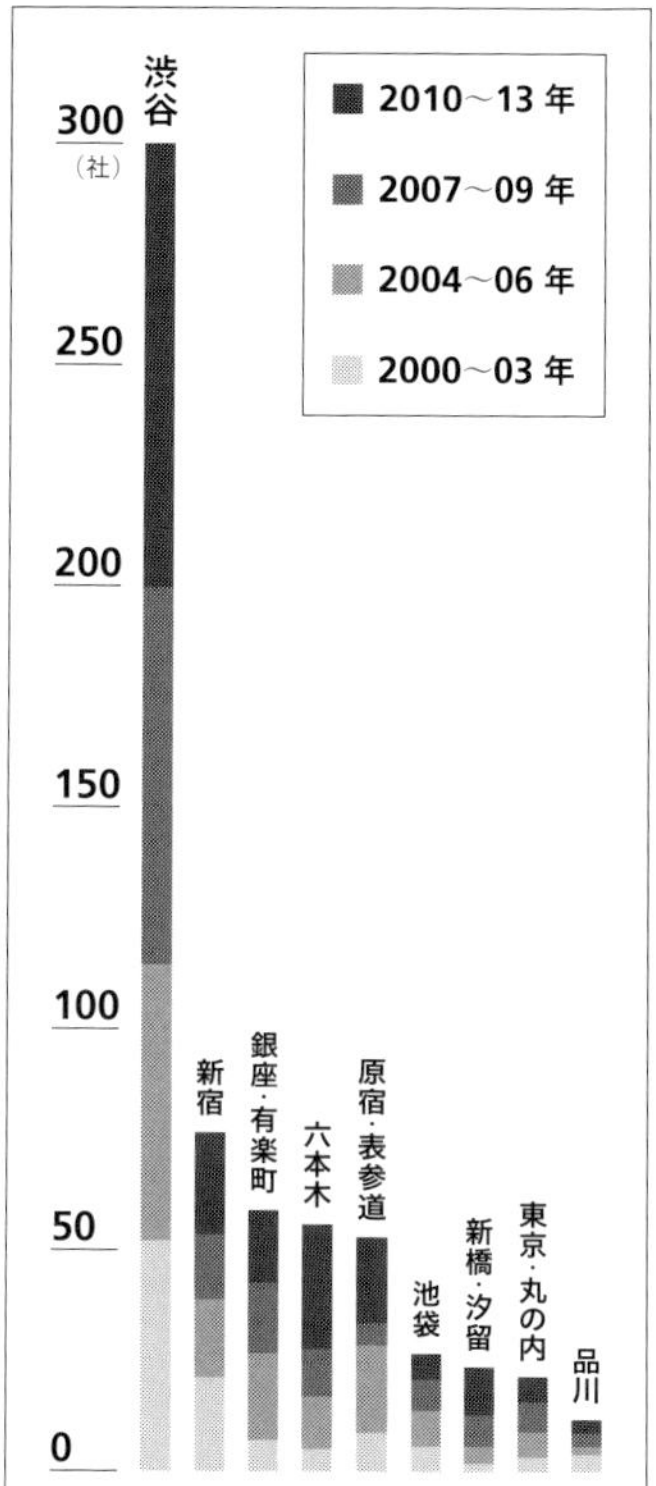

出典：「日経ビジネス」2015年6月1日号。「『ビットバレー2.0』進行中『カオスな街』づくりで日本経済を引っ張る」

ところがビットバレーの成長があまりに早く、オフィススペースは手狭になるわ、オフィスビルは飽和状態になるわ、の中心地、都心五区（千代田区、港区、中央区、渋谷区、新宿区）の中でも格段に少ない。広さで言えば、二〇〇〇年に渋谷マークシティができたものの、当時まとまった広いフロアのあるビルは圧倒的に少なく、やがて六本木などへの流出も始まった。

渋谷駅周辺が「都市再生緊急整備地域」に指定され、再開発事業が動き出したのはそんな時だった。この再開発事業はもともと副都心線が渋谷にやって来ること、東急東横線との相互直通運転が決まったことが動機だったという。相互直通運転が発表されたのが二〇〇二年である。渋谷で下車する人が減り、原宿や新宿に流れてしまうのではという危機感が渋谷の街に生じたのだ。そこで渋谷の事業者たちが提案し、二〇〇五年に承認された再開発事業で建設が提案されたビルのプランでは、超高層ビル（道玄坂一丁目、桜丘口地区、渋谷ストリーム、渋谷キャスト、南平台プロジェクト）の建設が提案されたビルの中に、最先端の文化を生み出すクリエイティブ・コンテンツ産業を作り出す機能が盛り込まれた［★15］。

渋谷駅周辺の未来予想図が公表され、新しいビジネス街区のイメージが拡散していった。すると次の波が起こった。二〇一八年、サイバーエージェント、ディー・エヌ・エー、ミクシィ、GMOインターネットの四社が渋谷でビットバレーを再興すると宣言したのだ。どの企業も成功して一部上場し、渋谷再開発でできる超高層ビルに本社を構えることになったのである。古巣を

★15　内閣府「渋谷駅周辺地域のプロフィール」（2018年4月1日現在）。

東京の市区町村別、ジャンル別事業所数の比較

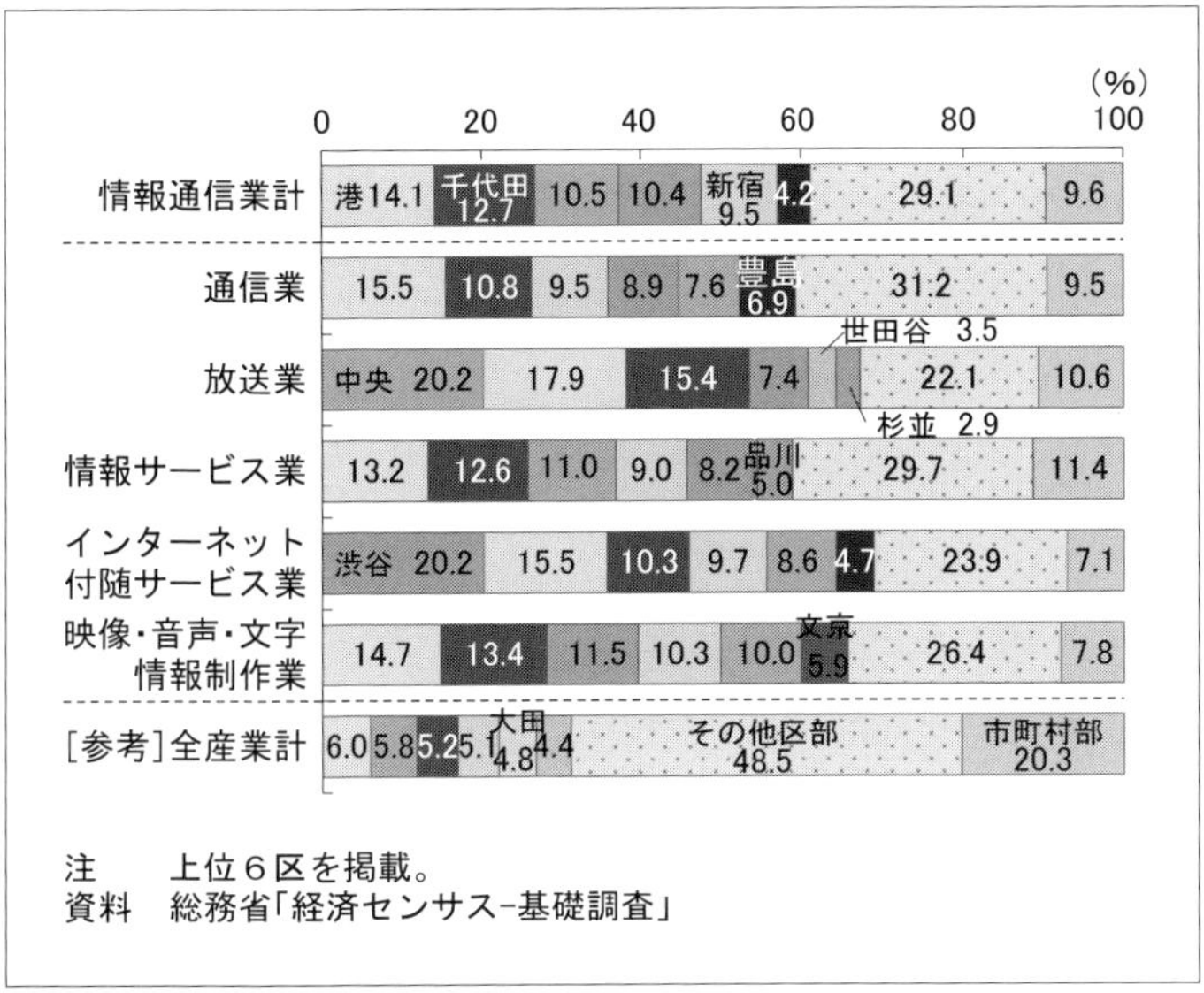

出典：東京都「東京の産業と雇用就業2017」
インターネット付随サービス業では渋谷区が東京都でトップ

離れて大きくなったサケが、川の上流に戻ってくる……。

だが厳密には、帰ってくる先は元の古巣ではない。

九〇年代末、渋谷をあえて選んだ起業家たちは「多様性に富む」「寛容」「猥雑」「インフォーマル」「カオス」といった言葉で、この街への愛着を表現する［★16］。元気なサケの卵がかえった環境は、そんな街だった。

彼らを育んだ古巣の環境や価値観は、時代の最先端をいく発想で作られた超高層ビルのオフィスとは、本質的に異なっている。渋谷の街全体のビジョンとしては、そういう環境が持つ価値を見失わず、維持していくことも必要なのではないか。エミリー・ブレアが提案するように、再開発されないエリアに残る中小規模のオフィスビルや雑居ビルは、工夫

★16　加藤貴行「『ビットバレー2.0へ』渋谷の新たな住人たち」日本経済新聞2017年11月10日。

して活性化されれば一層その価値を増す可能性があると、私も思うのだ［★17］。

ただし、状況は厳しい。戦後から総じて人口増加を続けてきた東京都でさえ、生産年齢人口（15〜64歳）は二〇三〇年あたりには減少が始まるというのに、都心のオフィスビル建設はまだまだ続く。超高層化し、ハイテク化するオフィスビルにテナントを奪われ、オフィスワーカーの絶対数そのものも減少が予想されるなか、中小ビルが逆風に耐える方法を考え出すことは不可避だと思われる。

ビットバレーの功績ゆえだろう、インターネット付随サービス業を営む企業の数では渋谷区が東京でトップだ（109頁の図参照）。しかし、IT企業ばかりが集まってくるのでは、渋谷が実際に獲得しているイメージ、つまり多様性、寛容性、カオスといった、人をワクワクさせるようなキャラクターが育まれていくのかどうか……。

渋谷が丸の内や大手町にはない魅力を備えたビジネス街区になるには、再開発による超高層ビルだけでなく、再開発地域の外にある中小ビルのエリアが、再開発とは別の価値観や考え方で変容していく必要もあるのだと思う。

働くエリアのマスタープランニング

従来の中小規模のオフィスビルや雑居ビルが渋谷で生き残るためには何をするべきか？　エミリーは、一つ一つのオフィスの中身だけでなく、エリア全体での方向転換に向けて動き出すこと

★17　渋谷回帰の流れはさらに、産官学が参加するオープンイノベーションの動きも作り出している。2018年に活動を開始した「渋谷SCSQイノベーションプロジェクト」は研究者、アーティスト、IT関連のスタートアップ企業が出会うプラットフォームになるという。場所は渋谷駅の上の超高層ビルで、2,600平方メートルという広大さだ（渋谷文化Projectサイト、shibuyabunka.com）。

を提案する。

オフィスを単体として見れば、超高層ビルのオフィスと競争するのは無理がある。だが、エリア全体で働く環境を作るなら話はべつだ。最新スタイルのオフィス空間が持ち得ない強みを開拓することは可能だと思われる。

まずは、働く環境における価値観の変化に沿って、オフィスビルのスペースの構成も変えていく必要がある。今日、働く環境に関して起こっている価値観の最大の変化は、他者との対話、発想や刺激のやりとり《インタラクション》、といったものを重要視するようになったことだと思う。つまり、考え方やものの見方の多様性が、ものづくりやクリエイティブな世界に限らず仕事に価値をもたらす、と考えられるようになってきたのだ。アメリカの西海岸で生まれた「デザイン思考」という新しい商品やサービスの開拓メソッドが、オープンなディスカッションを大事なプロセスにしているのもそういうことだと思う。

そう考えると、オフィススペースを考える上で、これからは次のことを優先しながらエリア全体をマスタープランニングしていく、という感覚が必要になるだろう。

オフィスビル内でのインタラクション

どのオフィスにも機密性の高い部分と、開放性が好まれる部分とがある。そういう基準で空間を構成しなおすのがフレックススペースの考え方だ。同じビルの中にある複数のオフィスが開放性の好まれる部分を共有すれば、インタラクションの幅を広げることもできる。ワンフロアを共有スペースに変えるのは大きな投資かもしれないが、長い目で見れば有益なものになり得る。

あるいは人と直接語り合わなくても、他の人々が仕事にエキサイトしている状況が視界に入ってくるだけでも、モチベーションが上がるという心理的効果が期待できる。そのためには、視覚的な開放性や透明性、つまり見通しの良さを積極的に作り出すのが効果的だ。急成長しているアメリカ発コワーキングスペース「WeWork」の空間は、まさにそのように設計されている。

あるいは、個人的な解放感や外の空気を味わうための空間として、屋上空間を開放する手もあるだろう。

異業種間の交流

コワーキングオフィスが急速に広まっている理由の一つは、異業種のテナント同士の出会いがビジネスチャンスを生みやすい、と評価されているからだと思う。同じオフィスビル内でこうした交流ができれば素晴らしいが、近隣エリアの範囲でもそうしたプラットフォームがあれば、スタートアップ企業もこの街に移ってきやすいのではないだろうか。

ただし、それがうまくいくには、集まって来る企業の実力ないし潜在的可能性が何らかの基準で選抜されているという前提が必要だろうし、交流イベントのプログラミングも知恵と情報と努力を要する。それを実践している「WeWork」には、高い賃料を払ってもオフィスを構える価値があるわけだ。

例えば、同じビル内では難しくても、同じエリア内に異業種間で共有できる施設が点在していたらどうだろう？　企業同士の出会いを促進するサロン、ファブラボ、小規模でもパブリックなプレゼンテーションができるセミナールームやギャラリー、保育施設などが、エリア内の中小ビルの中に少しずつできていけば、エリア全体として新しいタイプの働く環境というアイデンティティを持つことができるだろう。

街に暮らす人、やって来る人との交流

そこで考えられるのが、街の住民や、外からやって来る人との交流を促進する機能をエリアの中にプラスしていくことである。異業種間の出会いを可能にするプラットフォームが街中のビルにあれば、そこに街に暮らす人々や、仕事以外の目的でやって来る人々とのインターフェイスを作ることもできる。

すでに明治通りやセンター街などの中小規模のビルの中では、三井住友フィナンシャルグループ、パナソニック、朝日新聞といった企業が、オープンイノベーションのプラットフォームを作っている。なにも節約をしているわけではなく、街に漂う空気が刺激的であるとか、世の中の変化に敏感でありたい、といったことが場所選びの理由だと思われる。

インターフェイスと言ったが、オフィステナントとしてそのエリアでビジネスを始める企業

が、そこに暮らしたり商売をしたりしている人々と何か共通のメリットを共有することが、とても重要になってくると思う。超高層のオフィスビルにはない居心地の良さや多様性といったものが、エリアの価値になると思うからだ。

職住近接で女性が働きやすく

しかし、単に昼間の人口が増えるだけでは、エリアの改造としては十分ではない。まさにエミリーの提案する通り、女性が働きやすい環境を作ることが、実は今の日本が抱える労働者不足の問題を解消し、労働力を強める有効な方法であり、急務であると思う。

女性が働きやすい環境というのは結局、男女がジェンダーの違いを意識せずに仕事ができる環境だと考える。保育所が仕事場の中や近くにできて子供を預けられるのは、女性にとっては大歓迎なことだけれども、男女の間で仕事をフェアに分担できなければ問題は根本的には解決しない。結局、働き方とはライフスタイルと表裏一体なのだ。

そこで「職住近接」という考え方が重要になってくる。渋谷区が二〇〇一年にまとめた「渋谷駅周辺整備ガイドプラン21」では、「職場環境の付加価値を高めるため、職住近接を実現し、仕事中に憩える空間を確保することも重要である」と述べている。そして「他にはない新たな試みに挑戦する」というモットーを掲げ、「都心の駅直近に住み、職住近接を極めるための住宅の確保」を具体的なテーマとして示している[★18]。職住近接を基本的な流れとして進めながら、女

★18　渋谷区「渋谷駅周辺整備ガイドプラン21」2001年。

性と男性を同等に扱うことをシステム化した企業の移転を、区が助成してくれると有難い。その上で中小ビルを活用した保育所や生活をサポートしてくれるアメニティが増えていけば、「WeWork」と同じくらいのインパクトを持つエリアが生まれるのではないだろうか。

出会いの促進

スタートアップ企業と投資企業（投資家）がどう出会い、交われるかも、新しいオフィス環境として重要な点だ。エミリーはビル内の動線の工夫を提案した。日本のパルコやラフォーレが使っている競争と更新のシステム、あるいは日本のデパートが考え出したシャワー効果の応用を提案したのが面白い。同じオフィスビルの中で、あるいは歩いていける近隣エリアの中で、お互いに楽しく、刺激的な時間を共有できる出会いの場を作り出せたら画期的である。

再開発された場所には望めない価値を見つけ出し、開拓することは、現実的に見ても中小ビルのオーナーだけでなく、渋谷の街全体にとっての達成課題になっていると思う。すると、オフィスビルのテナントをどう選び、育てるかを戦略的に考える、つまり、エミリーの提案する「オフィススペースをキュレーションする」という考え方が有効になってくるのではないだろうか。ちょうど渋谷でビットバレーの再興を誓った企業のように、ビルのテナント企業も、街に住む人も、外からやってくる人が比較的インフォーマルに交わるような、職住近接の街としてエリア全体をマスタープランしていくことができたらエキサイティングだと思う。

第3章

都市空間を立体的に楽しむ

はじめに

高低差の都市体験

渋谷再開発の目玉の一つ、「渋谷ストリーム」が二〇一八年の暮れにオープンした。同時に渋谷ヒカリエや渋谷警察署とリンクした渋谷駅東口の歩道橋も、急ピッチのバージョンアップが進んでいる。渋谷ストリームのオープン直後は多くの見学客が押し寄せ、連日大賑わいしていたようだ。

この超高層ビルの低層階（1〜3階）の中身は定番のレストラン街に見えるし、上層階のオフィス空間や付帯施設は見ていないので、このビルが「超高層ビル」の概念そのものを揺るがしたのかどうかは、まだ分からない。ただ、低層階でひとつの革新が起こったことははっきり言える。

建物の中なのに屋外と直結した歩道があり、階段がある。地上から上の階の人々の動きが遠くに見える。建物の真ん中に大きな空洞があけられ、外でも中でもない空間に包まれる、広いデッキを歩き進むと突然電車と隣り合わせになる、といった具合なのだ。こういう未曾有の建築体験に、渋谷で出くわすことになるとは！

この異例の空間体験が可能になった理由は、都市再開発を設計する画期的な方法が生まれたからではないかと思う。つまり、建築のデザインと、鉄道や歩道橋や道路を扱う土木のデザイン、そして建物と周辺の関係をマクロに考える都市デザインの三つが融合して、ふつうできないことが可能になったのではないかと想像できる。

ハーバードGSDのゼミでは渋谷再開発のデザイン監修者を務められている内藤廣氏にも話しに来て頂いた。印象的だったのは、渋谷にはこの三つのジャンルを一体化して考える必要があるんだ、それを僕自身もやりたい、と発言されたことだ。果たしてその努力の成果が渋谷ストリームで発揮されているのではないかと、私は実物を見て思った。

そんな今とはまったく違う二年前の状況を見てフィリップ・プーンが提案したことは、賞味期限切れの部分もあるかもしれない。だが、彼の反応と考察そのものは、今でも有効だし貴重でさえあると思う。

彼が提示してくれた考察とは、人は歩くとき、水平移動が圧倒的に多いけれど、場所のありようによっては、空間の垂直方向の関係や立体的な関係を楽しむこともできる、というものだ。例えば渋谷駅の東口がそう。谷底の大きな空間で首都高、鉄道、歩道橋、一般道などのラインが立体的に交差している。この特別な空間と構造物のフォーメーションが、歩く人々に独特の視覚体験を可能にしてくれるのである（55頁参照）。

建築のデザインではサイトライン（目線）、つまりどの地点にいる時、使い手（住み手）に何が見えるかによって、空間をデザインすることがある。人と人の目でのやりとり、あるいは人の視野に入るモノや風景がどんなものかによって、窓の位置やモノとモノの距離の取り方などをデザインするわけだ。サイトラインの考え方を使えば、渋谷駅の東口の体験はもっとエキサイティングなものになるかもしれない。いくら東口の歩道橋が拡幅され、綺麗になったからといって、この技と地の利を使わなければもったいない。

ところで、フィリップはもう一つ重要なことを提示してくれた。それは渋谷の少数派についての考察である。このことは、まさに渋谷が推進している「寛容な社会」「多様性を受け入れる社会」の考え方とも繋がっている。それを都市空間の課題として考えるというのは、どういうことなのだろうか？　後で考えてみたい。

観察と提案

楽しさの「ライン」——多様性を受け入れる都市

フィリップ・プーン

観察

「シブヤ プラスファン プロジェクト」の「プラス」

僕たちが初めて渋谷駅周辺のリサーチに出かけた時、いちばん目を奪われたものの一つが、JR渋谷駅と渋谷ヒカリエをつなぐスカイブリッジの屋内に貼られていたポスター[★1]だった。それは高層ビルが二〇一五年から二〇二七年に向かって左から順に増えていき、高層化・巨大化していくというもので、抽象化されたイラストにレインボーカラーがうまく配色されている。ラストの二〇二七年になるとビル群というより一つの都市そのもので、地上から見上げる構図によって壮大な雰囲気を出している。

スカイブリッジをしばらく行くと仮設の通路となり、そこは大工事現場の上に位置している。その通路の壁にも、渋谷駅周辺地域再開発の主要プロジェクトを一つ一つ説明したボードが何枚

★1 「SHIBUYA ＋FUN PROJECT（シブヤ プラスファン プロジェクト）」のポスター。このプロジェクトは渋谷駅再開発に関わる官民のステークホルダーからなる「渋谷駅前エリアマネジメント協議会」が2014年にスタートさせたもので、渋谷の街の魅力づくり、賑わいの演出などを使命としている。

か貼られていた［★2］。こちらは実際の完成予想図やアクソメ図が載っており、短い説明も付いている。いちばん端のボードもこれまたレインボーカラーだが、今度は全面ガラス張りのブルーないしグレーのビルの画像の上にフォトショップで彩色、という手法が使われ、白い筋やフラッシュのような描写がビルの上や間をシュッと走ったり光ったりしている。

この白い筋が表しているのは音とか光、いや人の動きだろうか？　ひょっとして「FUN（楽しさ）」そのものを象徴しているのか？　正確には「＋FUN」と言うべきか？　なぜなら、一連のボードやバナーにことごとく「＋FUN」という吹き出しが載っているからだ。多いときは一枚の中に三、四回この「＋FUN」が現れる。渋谷駅周辺地域再開発全体が、「SHIBUYA＋FUNプロジェクト」として宣伝されているのだ。

「＋FUN」とは、一体どう言う意味なんだろう？　今の渋谷にはFUN（楽しさ）がない、というのだろうか？　この再開発でどれ位のFUNが増えるのか？　それでどんな結果が期待されているんだろう？　それは西欧的な意味でのFUNなのか、日本的なFUNなのか？

そもそも、こうまで「FUN」を強調するのは、渋谷を知る人々にとっては変な話ではないだろうか？　この街はすでにとても人気があるし、賑わっている。厳密にはそれは「FUN」ではない、あるいは足りない、というのだろうか？

渋谷駅は一日で約二四〇万人、新宿駅に次いで日本で二番目［★3］の乗降客数を持つ。渋谷の高密度を示すのはそれだけではない。ありとあらゆる類のショッピング施設、飲食店、劇場、

★2　2016年9月現在。
★3　国土交通省「国土数値情報、駅別乗降数データ」2017年のデータに基づく。

2016年に掲示されていたポスターと同じ構成のSHIBUYA＋FUNプロジェクトのフラッグ（撮影は2019年、スカイブリッジ）

左：「＋FUN」プロジェクトの広告の一部
下：2016年に再開発エリアで展開された「＋FUN」プロジェクトのボード

ホール、都市交通インフラなど、およそ近代的で、国際的スタンダードで、楽しげな都心《ダウンタウン》に期待されるもののすべてが揃っていて、しかもその大半が終日、長時間にわたって稼働しているのである。渋谷のスクランブル交差点はすでに世界中に知られた存在であり、東京に着いたら真っ先にここを目指す観光客も増えている。

「FUN」をどう解釈するかはもちろん人それぞれだ。でも、ここ渋谷に関しては、再開発プロジェクトのビジネス戦略がどうあれ、本当に「FUN」に溢れた街になるかどうかは、多様な人々を迎え入れ、多様な営みを可能にしてくれる街になることが、ひとつの鍵になると思う。東京に三ヶ月暮らし、渋谷について考えた今の僕はそう確信している。

ただし、その考えは僕自身が到達したものではなく、渋谷の都市空間の設計に実際に関わった二人の人物から学んだものだ。一人は渋谷駅中心地区デザイン会議で座長を務める内藤廣氏、もう一人は「みやしたこうえん」（53頁参照）を設計したアトリエ・ワンの塚本由晴氏である。

渋谷のFUNと多様性

内藤廣氏は渋谷の再開発を進めるにあたり、多様性の重要さについて力説してきたという。渋谷再開発のガイドラインを設定する際、彼がみんなにインスピレーションを与えるために使ったという写真には、一本の木のまわりにいろいろな種類の木や植物が生育している様子が写っていた。その写真を見せながら、彼はこう述べていたという——渋谷に必要なのは、どこまで行って

★4　ハーバードGSD東京セミナー。2016年10月18日。

も同じパターンが続く「水田」ではなく、あらゆる種類の人間を惹きつけ、あらゆる種類の営みを受け入れる、つまり多様性を受け入れる「森の中」なんだと［★4］。彼によれば、渋谷にはすでに一つの場所に多様な種類の人間を惹きつけるパワーがある。だけど、集まってくる人たちが実際そこでするこことの多様性と互いに交わる可能性を高めることにより、一段とパワフルな街になるはずだと考えるのである。

単に利便性が高いだけでは、パワフルな街にはならない。そこにやって来る人間とそのライフスタイルが多様であることこそが渋谷の未来の鍵を握っているのであり、再開発の成功もそれが前提になるという。そんな街に想像しうる「FUN」は、単に買い物や飲食する時の「FUN」よりもっと奥深いものになるように思える。

パフォーマンスをする人と見る人

貝島桃代氏と設計ユニット「アトリエ・ワン」を率いる塚本由晴氏は、みやしたこうえんの改修設計（リ・デザイン）を行った。彼らにとってこの公園の改修は、東京という大都会にこそ根付くライフスタイルの多様性というものを、渋谷の街でさらに膨らませるという未曾有の可能性を秘めたプロジェクトだったはずだ［★5］。あるインタビューで、宮下公園の再開発デザインについて聞かれた塚本氏は、東京の人々の多様性について次のように答えている。

★5 フットサル場、スケートパーク、クライミングウォールなどの都市型スポーツ施設をもつ「みやしたこうえん」は社会生活に密着した新機軸の公園として評価され、2012年グッドデザイン賞を受賞した。しかし、ナイキが公園のネーミング・ライツを取得したことにも関係した政治的な混乱に巻き込まれる。その後、設計者の思いが十分に伝わらないまま、十分に楽しまれないまま、再開発が始まった。

東京というのは単一社会ではなく、いろんな種類のグループが互いに共通する何かをもちながら共存しています。つまり、それぞれの個人がいくつかのコミュニティに属していて、その集積が社会をつくっている。そう考えると、都市のなりたちというのは人々の身体の中にその起源がある、ということになります［★6］（英文から和訳）

ユニークな個性を持つ個人からなる多様性、そしてコミュニティの多様性が、みやしたこうえんのプロジェクトを動かすエンジンとなった。しかもアトリエ・ワンが主張したのは、多様なコミュニティを受け入れるだけではダメで、そこにやって来る人々が、そこで行われている多種多様のアクティビティ、そこで見られる多種多様の文化に惹きつけられることによって、この場所の持つ多様性と寛容性がますます広がり、深まっていくようでなくてはならない、ということだった。

宮下公園の設計にあたっては、ナイキ・ジャパン、渋谷区、あるいはスケーター、クライマー、フットサル愛好者といった、さまざまな〈文化〉が関わっていることをまず理解する必要がありました。僕たちはそうした人々にそれぞれ会って、それぞれの希望や好みを聞き出すとともに、彼らがどんな考えを持っているのかを学んでいきました。公園の新しい施設は、さまざまなコミュニティがそれぞれにパフォーマンスし、同時に他のコミュニティやプレイヤー

★6　Yoshiharu Tsukamoto and Casey Goodwin, "Park as Philanthropy: Bow-Wow's Redevelopment at Miyashita Koen." Thresholds, no. 40 (2012), p.91-98. www.mitpressjournals.org/doi/abs/10.1162/thld_a_00136
★7　同上。

を見物することもできる、といった構成になるよう設計しています［★7］（英文から和訳）

アトリエ・ワンにとってみやしたこうえんの持つ潜在的な可能性とは、都市のライフスタイルが持ち得る多様性、文化の多様性、コミュニティの多様性が、自らを表現《パフォーマンス》し、（スケートボードをし、フットサルをし、あるいは単に歩いている姿を）人々に見られることが可能な場所になることだった。例えばフットサルのコミュニティは「ユーザーグループ」と捉えることもできるが、アトリエ・ワンのリサーチにおいて、このユーザーグループの多様性は特に重要な意味を持つ。かつて塚本氏は「Tokyo Subdivision Files［★8］」という論文で、大学院研究室とともに一つの建物を使う人々のふるまい、服装のスタイル、階層の多様性をドキュメントしたことがあった。みやしたこうえんも、さまざまなユーザーグループ、文化、ライフスタイルを受け入れる場所として、そしてそれがまわりからも見られるように設計されていたのである。

パフォーマンスするだけでなく、それを見て楽しむことができる、ということも大事だという考えは、公園に置かれたベンチの長さにも表れている。公園にベンチを置けば、人はそこに長く留まるし、じっと何かを眺めるようになるだろう。そもそも東京の都心ではパブリックな場所に座る場所というものをあまり見かけないので、ベンチがあること自体が破格なことのように思えてしまう。塚本氏によれば、東京の都市空間においては人々があまりにも「消費者」として見られ過ぎていて、人が一つの場所に居続け、その空間を自分なりにカスタマイズして使うというふ

★8　塚本由晴＋東京工業大学塚本研究室、2002年。「10+1」2002年、No.29。www.arch.titech.ac.jp/tsukamoto_lab/tokyosubdivision.htm

るまいが稀薄な傾向にあるという。

渋谷のマジョリティとマイノリティ

多様性を受け入れる都市、というとき、それは多様な人々が多様な目的でそこに行きたい、と思える街であることを意味する。だからそうした都市空間を設計する際に必要なのは、メインターゲットから外れる人々もそこに行きたいと思える場所があることであり、主流となるユーザーのための施設以外にも、自由な(おカネを使わなくてもいい)、開かれた空間があることだ。マイノリティに属する人々のライフスタイルも、マジョリティに属する人々と同様に受け入れるということである。

例えば、プロであれアマチュアであれ、ストリートダンサーが渋谷にいる人々全体に占める割合は少ないかもしれない。リ・デザインされたみやしたこうえんは、そういう人々に場所を与えるとともに、彼らの存在によって公園や周辺エリアの体験がより豊かになる、という発想でつくられていた。渋谷のマジョリティが誰かといえば、統計的に見れば渋谷で働く人、買い物をする人となると思うが、そうではなく、単にストリートダンスを練習したいだけの人も渋谷の一員として歓迎されていたのである。

こうした考え方を「デザイン思考」だと捉えるなら、渋谷駅周辺地域再開発の背後に見えるのは「企業的思考」である。基本的に経済活動を通して場所の魅力を作り出すことを優先せざるを得ないのは、市場経済社会の構造として不可避のことではある。しかしその結果、当然ながら都市空間の多様性や、寛容性を持つ場所づくりといったことの優先順位は下がるだろう。

かつてなら自治体が行うべきパブリック性の高いエリアの再開発を民間の手に委ね、より積極的な開発や複合的なアイデアの展開によって大きな発展を期待しようというのが、都市再生事業という民営化事業の真骨頂だった。渋谷駅周辺地域の再開発はまさにその国家的アジェンダを実現しているかのように見える。だが、僕たちの目には、新しい超高層ビルがどうしても経済的投資を回収するための手段として見えてしまい、そこに真に多様性を受け入れる豊かな都市空間が作られることを期待するだけの材料が見えない、というのが実感である。

渋谷はたくさんのラインでできている

状況を知れば知るほど、渋谷の背景は複雑だと思う。とはいえ、都市空間の多様性という考え方が再開発の今後に生かされる方法はある、と僕は考える。

今回の観察を通して得た一つの気づきは、渋谷という街の力学《ダイナミクス》はさまざまなライン（線）とその交差によってできている、ということだった。そして思い当たったのは、ラインという考え方で渋谷の街を細かく見ていき、それをうまく活用することで、多様性を作り出す方法を考えることができるのではないか——つまり、ラインという考え方が、渋谷の未来を考える上で大事なツールになり得るのではないか、ということだった。

ふだん無意識に越えている路上のさまざまなライン

渋谷の再開発によって、すでに複雑さを極めているエリアにさらに新しい建築が乗っかるわけだが、それによって新しい動きのラインも追加されることになる。渋谷の街に存在しているラインには、目に見えるものもあれば見えないものもある。それは何かと何かを分ける境界線であるが、同時に何らかの関係性（分裂した関係も含めて）を表わしているとも言える。このラインの存在と関係を把握し、うまく操ることが、渋谷の都市空間に多様性と寛容性をもたらす、ささやかだが有効な手段になるのではないかと思うのである。

まずは渋谷の街に存在するさまざまなラインを把握しておく必要がある。いちばんわかりやすいラインは鉄道というラインだ。東急電鉄が郊外の住宅地域と都心の渋谷をラインで結び、その終点にデパートを作ったところ

スターバックスコーヒーもスクランブル交差点を眺めたり、撮影したりする格好の場所になっている

から、渋谷の街は発展していった。このラインによって大勢の人々が郊外から都心にスムーズに移動できるようになった。さらに自動車、バス、自転車、歩行という移動手段もすべて、道路や歩道というライン上を動く。

こうしてさまざまな軌跡を描くラインが交差する様子は、見ていて美しいと思う。しかしその美しさは、さまざまな動きの密度や軌跡の錯綜によってのみ、もたらされるわけではない。高速道路や歩道橋などの都市インフラの導入により、人の動きが垂直方向にも重ねられているために、複雑な動きが同一地点で同時に起こり得るという面白さからも、もたらされていると思う。

渋谷は谷底という地形的な条件から、あらゆる動きのラインが集中し、交差する場所だ。それは、一度に何千もの人々があらゆる方向から集中し、離散していく渋谷のスクランブル交差点にいみじくも象徴されている［★9］。人々が一ヶ所にじっと留まる公園とは異なり、渋谷の街の最大の魅力はこの「動き」の集中や交差という現象が起こることにある。そしてその動きは、自らも参加でき、あるいは（スターバックスコーヒーや渋谷駅の歩行者ブリッジなどから）眺めることもできるという、特別な動きなのである。

パブリックとプライベートを分けるライン

だが、渋谷のラインは交通や動きのラインに止まらない。渋谷でもう一つ重要なラインは、パブリックな領域とプライベートな領域を分けるラインである。しかもそのラインにはさまざまな濃淡があって、一様ではない。

まず、物理的に領域の違いをはっきり分けるラインは、駅の構内と構外を分ける改札口のラインだ。構内は公共スペースであるとともに鉄道会社が利用客に課金して管理するエリア、構外は利用客が課金されないエリアである。

「渋谷１０９」正面のパフォーマンスエリアと一般道を分けるラインは、舗装する素材を変えて、領域の違いを表現している。ここでの「パブリック」は公共スペース、「プライベート」は民間に属するスペースとなる。

一方、東京の下町の民家のまわりに並べられた植木鉢がそれとなく伝える境界線のように、建物から張り出した屋根やテントの下にできるライン、あるいは太陽の光を建物が背に受けて落と

★9　渋谷のスクランブル交差点を渡る歩行者数はピーク時で1回3,000人にも達するという。出典：渋谷区「渋谷駅周辺まちづくりビジョン」2016年。

上：渋谷駅改札口からパブリックの通路に続くスペース
下：「渋谷109」正面の、パブリック空間と私有地を分けると思われるライン

す影のラインというように、もっと微妙なものもある。そうしたラインが作り出すパブリックな領域とプライベートな領域の境界線は明確ではなく、使い方も曖昧な領域が生まれることが多い。例えば、改札口が屋根に覆われていて、すぐ前が一般道だったとすると、人々はそういう場所にたむろし、お喋りしたり携帯電話をチェックしたりする。この空間は厳密には鉄道会社の所有になるが、だからといって人々が物理的、金銭的、心理的な壁を感じるわけでもない。

「渋谷１０９」の正面側には、人々が座って眺めることが許されたエリア（民間に属する）と、歩道として定められたエリア（公共に属する）を分ける、物理的だが目に見えない境界線がある。ここでイベントが行われる際、フェンスが建てられて二つのエリアの分離がはっきり示される場合もあるが、そうでない時もあって、公共スペースである歩道に立ち止まってパフォーマンスを眺めることが許されることもある。イベントの係がサインボードを持って人々を境界線内に入れようと右往左往する光景も見られるが、完全に切り分けることは不可能だ。

店舗の内と外を分けるラインだって、思った以上に曖昧だったりする。店内はむろん私有のスペースだが、買う気もないのに店内に入ってきてぶらぶらする人、通りに面した軒先を使う人を拒絶するわけにもいかない。切符を買わなければ入れない改札口のライン、カードキーがないと入れないオフィススペースとは対照的である。

太陽光が建物に遮断されて路上に作る日陰のエリアも、パブリックとプライベートの領域を分けるラインになることがある。天気のいい日、しかも暑い日ともなると、何もないオープンス

上：渋谷ヒカリエから見下ろせる、太陽がつくりだすライン
下：フェンスとイベント係によって暗示されるテリトリーのライン

ペースにできる日陰の空間は人々を引き寄せる。このことがよくわかる場所が、渋谷ヒカリエの展望台だ。そこから下の歩道を見下ろすと、人々がどういう場所に滞留する傾向があるかがよくわかる。

スクランブル交差点にも舗装材料の差別化、歩道を表すストライプ、車道境界線など、物理的ではあるが目に見えない境界線《ライン》が存在する。しかし、信号が青になって実際そこを四方から交差しあう人々の動きを見ていると、決められた線内を歩かない人のなんと多いことか。しかも、流れに逆らうことさえ恐れない人が、想像以上に多いのだ。どんなにきっちり境界線を描こうが人は自由気ままに動き、自分の思うように生きたい、という願望を持っているものだということが、ここでもよくわかる。

渋谷駅周辺地域の再開発では、パブリックとプライベートの境界線はどのように認識されるのだろうか？　パブリックスペースを超高層ビルの空中庭園に作り［★10］、そこが「FUN」の場所になりますと謳われているが、実際それはうまくいくのだろうか？

都市空間の多数派と少数派

ここで土地所有の考え方について基本を押さえておきたい。言うまでもなく、土地所有という概念は人間が考え出したものだ。土地所有について、哲学者ジャン＝ジャック・ルソーは『人間不平等起源論』の中で次のように述べている。

★10　東急電鉄などが建設する渋谷駅上の超高層ビルの最上階は「SHIBUYA SKY」という空中庭園となる。地上約230メートルの高さから四方が一望できるという。入場は有料。公共スペースというより観光地として考えられているようだ。（朝日新聞、2018年11月15日付）

ある土地に囲いをして、『これはおれのものだ』というのを最初に思いつき、それを信じてしまうほど単純な人々を見つけた人こそ、政治社会の真の創立者であった。杭を引き抜き、あるいは溝を埋めながら、こんないかさま師のいうことを聞かないようにしよう、果実は万人のものであり、大地はだれのものでもないということを忘れれば、君たちは身の破滅だと、同胞に向かって叫んだ人は、どれほど多くの犯罪と戦争と殺人とから、どれほど多くの悲惨と恐怖とから人類を免れさせてやれたことであろうか。[★11]

ルソーによれば、自然本来の状態において、地球上のあらゆるものは人類すべてに属するのであり、誰一人として、その一部を独占的に所有することはできない。一方、現在では土地の民間所有者がそこに何をどう建てるかを考える際、人々《パブリック》がそこをどう使うかを考える義務はないが、実際にはみんなが使え、みんなが楽しめる場所にしたい、と思う場合もある。民間の土地所有者とはいえ、所有する場所の好感度がそのままテナントユーザーなどの収益に影響するから、ある程度のパブリック性があることは経済的なメリットとなり得る。

さらに、日本には「総合設計制度」という法律があって、大規模なビル建設を計画する民間ディベロッパーは、ビルの一部やまわりの空間を公開空地、つまり歩行者が自由に通行したり利用したりできる公共スペースにすると、ビルの高さやボリューム（容積）などの制限を緩和して

★11　ジャン=ジャック・ルソー著、原好男訳『人間不平等起源論』第二部。白水社、2012年。

もらえる、つまり高さや大きさを従来より増すことができるため、パブリック性のある場所を作ろうというモチベーションが高くなる［★12］（75頁参照）。

総合設計制度によれば、敷地が五〇〇平方メートル以上の場合は、管轄の自治体が新築する建物の中身の決定にも関与することになる。基本的に敷地の面積（と道路の幅）によってそこに建てるビルの容積《ボリューム》率は決まるが、中やまわりにどういう施設や空間をつくるかによって、建物の容積

★12　総合設計制度は建築基準法第59条の2に定められている。500㎡以上の敷地で敷地内に一定割合以上の空地を有する建築物について、計画を総合的に判断して、敷地内に歩行者が日常自由に通行又は利用できる空地（公開空地）を設けるなどにより、市街地の環境の整備改善に資すると認められる場合に、特定行政庁の許可により、容積率制限や斜線制限、絶対高さ制限を緩和。

自由が謳歌されるスクランブル交差点

率がどれだけ緩和されるか、つまりどれだけボリュームが膨らむかが決まる。

この総合設計制度からさらに規制の緩和度を高めているのが、第1章で述べた「都市再生特別地区」のシステムである。渋谷ヒカリエもこの「特区」認定によって容積率（ボリューム）は以前の約一・四倍に引き上げられ、破格の大きさのビルになった。認定の背景としては、地下から建物の低層階をつなぐ「立体広場空間」を持つこと、地下で東横線と副都心線を直結させることが評価されたという［★13］。つまり、公益を持つスペースを含む建築としてボリュームのボーナスを得ているわけだ。

立体広場空間は「アーバンコア」と呼ばれていて、渋谷ヒカリエではエスカレーターがジグザグ状に続くシリンダー状の空洞となっている（45頁参照）。渋谷駅周辺地域にこれからできる超高層ビルにはすべて、このアーバンコアの設置が義務付けられている。超高層ビルはどれも巨大で、これまでの道路と建物の関係はちょっと変わってくる。建物へのアプローチとしての道路の役割を、アーバンコアが果たすことになるとすれば、どのような条件でデザインされるのかが気になるところだ。人々がそれぞれの建物の中に入りやすい、動きやすい、使いやすい、といったことがそれで決まるからだ。

さらに重要なのは、管轄の自治体（渋谷駅周辺地域の場合は東京都）が、「公共」の都市インフラと考えられているアーバンコアの公共性を実際、どのように確保しようとしているかである。容積率緩和の対象になった以上、アーバンコアの利便性のみならず、ライフスタイルも、来る目的も

★13 内閣官房「渋谷駅周辺地域プロフィール」2005年。「地域の国際競争力強化に資する理由（一部）＝地下3階から地上4階に亘ってまちをつなぐ立体広場空間を整備し、特に東横線と東京メトロ副都心線を地下3階で直結するなど、交通結節点としての機能を強化」

異なる多様なユーザーにとって役立つスペースになるかどうかは、チェックされるべきポイントである。言い換えれば、渋谷の多数派ユーザーとなるビジネスマンや通勤者や買い物客だけでなく、そうではない少数派にとっても、使い勝手の良い、快適な設備あるいは空間であることが求められている。

渋谷の「少数派」とは具体的に何を指すだろうか？　渋谷に行く人々にとって大半の目的が買い物、飲食、仕事、駅から駅への通過であるとすれば、消費や生産のサイクルに直接入らない行動、つまり、買い物や飲食以外の営みをすること、静かに考えること、ぼーっと街を眺めること、休息すること、ゆっくりすること、といったことが考えられる。そもそも渋谷に行く典型的な人種にカテゴライズされない人々は、渋谷には行こうと思わないかもしれない。だが、多数派の行動に絞って都市空間を計画するのでは、渋谷が「多様性」や「寛容性」を持つ街になることは永遠に不可能である。渋谷が特定企業に結びついた街ではなく、もっと懐の深い街になるには、空間としても多様な選択肢が備えられていることが条件になるのだと思う。

少数派のユーザーが、そこで過ごしたいと思える場所や時間があること、そしてそうした空間がまわりから隔離されず、誰もがアクセスできる状態であること。少数派もインクルードされている（視野に入れられている）都市空間が生まれるかどうかで、渋谷の街が「多様性」「パブリック性」を獲得できるかどうか、内藤氏の言う「パワー」を持ち得るかどうかが決まると思うのだ。

提案

垂直方向の空間構成——多様性をもたらすための提案

渋谷の再開発エリアには潤沢な敷地があるわけではないし、何本もの鉄道が集中してもいる。渋谷区はこれからできるビルの容積率を緩和し、面積の限られたワンフロアを縦方向に積むことを許すことによって、都市を縦方向に発展させようとしている。そうしてできた空間には、多様なパブリックのための場所が一定の割合を占めている。

そのように考えると、渋谷の街に「FUN」や「パワー」が生まれるよう、多様性を受け入れ、少数派の参加《インクルージョン》を可能にする都市空間をつくるためには、垂直方向の「ライン」で空間構成を考えることが有効になってくるだろう。

さまざまな空間を垂直方向に繋ぐことで得られる一つの利点は、多数派の行動から少し距離を置く空間をもうけることで、騒音、交通、混雑、スピード、消費行動といったものから距離を置ける場所ができることだ。垂直方向の空間構成といえば、渋谷ではすでに高速道路、鉄道、一般道という異なる移動手段のラインが縦方向に重ねられているわけで、これと同じデザイン思考を新しい都市空間の構成にも応用できると考える。

モノや体験の消費を直接・間接の目的とする多数派の行動パターンから距離を置き、静かな気持ちで過ごせる場所、消費から自由でいられる非多数派の場所。そんな場所を実際に作ることができるだろうか？

渋谷で垂直方向の空間の関係を使い、非多数派の場所を実現する方法はいくつかある。僕が提案したい第一の方法は、渋谷ヒカリエのアーバンコアから、正面道路の反対側へと続くスカイブリッジを活用するというものだ。第二の方法は、渋谷の歩道橋を改造し、自動車道の上をもっと歩けるようにするというもの。いずれも既存の都市インフラを使い、空間を垂直方向の「ライン」で切り結ぶことによって、スローで、静かで、消費行動から自立した状態で過ごせる場所を作ろうというものだ。スカイブリッジの空間も、歩道橋の空間も、地上やビル内の商業空間とは異なるクオリティを持つことになるはずである。

スカイブリッジの活用

渋谷の未来に向けた第一の提案として、僕はJR渋谷駅から渋谷ヒカリエへと続くスカイブリッジの屋根の上を開放し、そこに長いベンチを置くことを提案したい。このスペースへは、渋谷ヒカリエのアーバンコアの外壁となっているガラス壁の一部を開閉可能なガラスドアに変え、そこからアクセスする。大勢の人が殺到しないよう、あえて広報は行わず、見つけた人だけに出入りしてもらう。

ドアの向こう側には、細長いベンチを置く。このスペースの両端にはレールを取り付け、安全性を確保する必要があるだろう。屋根上のスペースは当然ながら、大勢の人が集まる場所ではなく、少人数ないし一人で居る場所として相応しい。都市の喧騒を眼下に臨みながら、静かに物思いに耽る場所、といった感じだ。消費社会の力に突き動かされている都市からワープし、日常の思考回路から抜け出すことのできる場所、と言ってもいいだろう。夜には、ビルの照明やビルボードの光に照らされない、自然の空を眺めることもできるのではないだろうか。いずれも、渋谷の喧騒が間近にあるからこそ可能となる時空間となる。

スカイブリッジは渋谷ヒカリエのアーバンコアと直結しているので、屋上が使えるようになると、アーバンコアのスペースを活性化することにもなるのではないかと思う。一日の最も混雑する時間帯でも、三階、四階レベルのアーバンコアのまわりにはあまり人影がない。イベントも行われていないし、そもそも座る場所もない。まるで法律上か何かの理由でできてしまったかのようなスペースなのだ。

渋谷の街を上から眺めるという行為は、すでにスクランブル交差点のスターバックスコーヒーや渋谷駅の歩行者ブリッジで多くの人が興じていることだ。それと同じ行為を、渋谷ヒカリエ側では都市の喧騒から一歩離れたところから、静かに楽しもうというわけである。

さらに提案したいのは、アーバンコアの周囲のファサードを一部完全に透明にすることだ。そうすれば、もっと多くの人々をこの場所に惹きつけることができるはずだ。そして、アトリエ・ワンのみやしたこうえんの設計で意図されたように、アーバンコアでも人々の自由なパフォーマンスが可能になれば、ここにも「見る・見られる」の関係が生まれるだろう。アーバンコアは、

アーバンコアに佇む孤独な都市ウォッチャー

提案するシナリオ――細長いベンチに座る人

提案するシナリオ——スカイブリッジの上に佇む人

上：人気《ひとけ》のない渋谷ヒカリエ3階のアーバンコア
下：渋谷ヒカリエのアーバンコアとスカイブリッジ

ニューヨークのハイライン。自動車道路の上に差し掛かったところでは、ウッドデッキの上でくつろいだり、下を走る車の流れを眺めたりと、ゆったりした時間が持てる

エスカレーターを取り囲む各階の円形のガラス壁から、上下階を見ることができる。だから、みやしたこうえんとともに消えた「見る・見られる」の関係を、ここで復活させることができるのではないだろうか。今のアーバンコアでは歩行者の行為が「通過する」ことにほぼ限られているが、それ以外の経験がこの垂直の空間を介して交差するようになれば、ちょっとした都市の祝祭空間にもなっていく可能性があると思うのだ。

東口歩道橋の改造

第二の提案は、渋谷駅東口の歩道橋の一部を改造して、単に移動するためだけの機能的なツールから、もう少し魅力のある場所に作りかえることである。宮下公園が地上よりも上の高さに位置していたことで、公園を使う

ニューヨークのハイライン。週末、家族で散歩する人々

人々は地上とは別の空間感覚を得ることができた。そして、そこから街を眺めることもでき、周囲のビルから眺められもした。それと同様のことがこの歩道橋でも起こり得るのではないかと思う。つまり、歩道橋から新しいラインを引いて、地上とは異なる空間体験ができるようにするのだ。それは地上の喧騒とは一線を画す環境を、その上に作ることである。

ニューヨーク市の「ハイライン・パーク［★14］」はいまや日本でも知られる、公共スペースの世界的モデルとなった。評価されている理由は、地面を舗装し、豊富な植物で覆うという、ごく単純な方法で高架歩道をデザインすることによって、まったく新しい都市体験を作り出したことだ。交通量の多い自動車道路の上のレベルに公園を計画すること

★14　マンハッタンのウエストエンド地区を南北に走っていた貨物用の高架鉄道を再利用して作られた空中公園。野草の自然やアート作品を楽しむ場所にもなっている。全長2.3キロメートル。

東口の歩道橋から渋谷駅構内を臨む（2016年9月）

で、長い距離をずっと途切れることのない遊歩道を大都会の中に作ることができたのである。地上よりも上の位置に長い歩道が続くと、人々はこれまで経験したことのない新鮮な感覚で、建物やまわりの風景と接することができるようになった。

再開発での拡幅によって渋谷駅東口の歩道橋の幅は、ハイラインの幅とさほど違わなくなる。今よりもさらに工夫することにより、通行するだけでなく街を眺めたり、座ったり、お喋りしたり、といった行為も可能になると思う。歩道橋の空間の意味を文字通り広げることができれば、渋谷のダイナミックな交通動線を見る人々の見方も変わってくるのではないかと思う。

例えば、歩道橋を歩いていると、JR渋谷駅のプラットフォームと同じ高さに立っていることに気づく場所がある［★15］。渋谷の地形と鉄道との関係が明らかになる瞬間である。一方、歩道橋が道路と高速道路の中間の高さにあるところでは、上下に自動車が走っているのを体感することができる。渋谷を通過しているいくつかのラインの重複と交差を体験できる瞬間である。

この提案は、即物的な歩道橋であっても、渋谷での常識的で慣習的な「ふるまい」から外れた、新しい空間体験を可能にし、渋谷の新しい楽しみ方ができる場所になることを示すものである。それは、仕事や買い物をメインにしていない少数派の人々にとっても、新しい価値を持つ場所を作ることができる、ということでもある。

現在、東口の歩道橋は簡素な方法で作られていて、両側の手すりに工業用の照明器具が取り付けられている。この照明器具をもっと魅力的な素材にするか、照明方法をもう少し工夫するだけでも、通過するためだけの装置ではない、別の使い方や過ごし方があることを人々は感じ取るはずだ。ニューヨークのハイラインと拡張後の渋谷東口の歩道橋を比べると、物理的には幅以外にも実際さほどの違いはないが、床面の仕上げ、照明のデザイン、豊富な植栽といった点では完全に異なる。重要なのは、わずかな違いであっても人々は敏感に反応し、場所の受け止め方や使い方が変わってくることだ。ハイラインでは、この場所だけで可能な都市体験を今まさに私はしている、と人々は感じる。だが、それと似たようなことが、渋谷でも可能なのではないかと僕は思う。

★15　2016年9月現在。

いずれの提案も、渋谷の都市空間に垂直方向のラインを引くという手法を使い、消費行動を中心に構成されている街の営みを、もっと多様で豊かなものにしようというものだ。渋谷にやって来る人々の目的の幅を広げ、スローからファストまで多様なスピードが同時にあり得る場所にすることができれば、ライフスタイルや価値観の異なるもっと多くの人々がそれぞれの目的でここに来たいと思うようになるだろう。

日本では人口減少と高齢化が進んでいる。渋谷が真に多様性と寛容性を持つ街であろうとするなら、未来志向の都市のモデルであろうとするなら、多様なユーザーを受け入れるこうした都市空間の実験も必要なのだと思う。

※特に記載のない写真は筆者撮影。

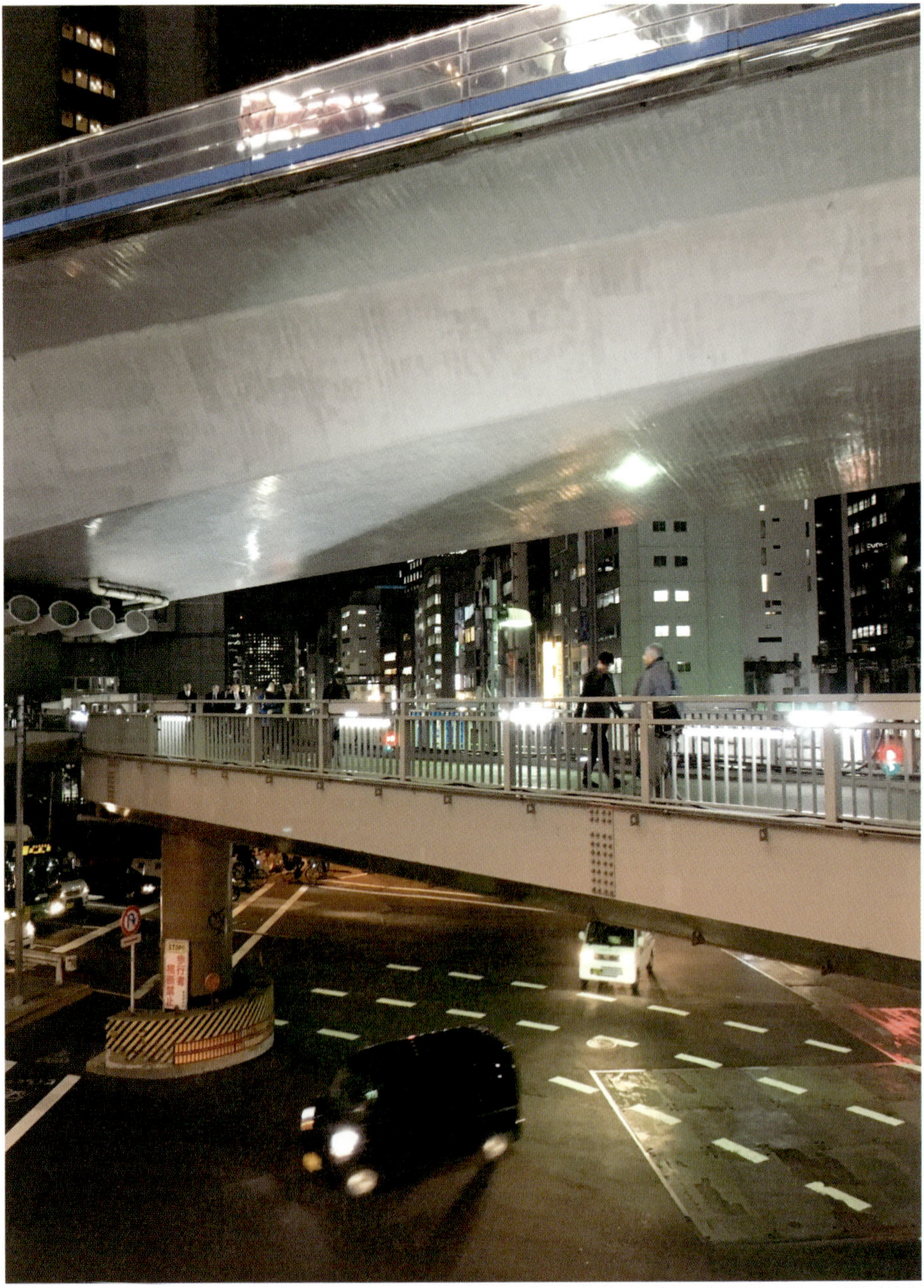

東口歩道橋から頭上の高速道路と下の一般道を臨む

提案——歩道橋に新しい照明をつける

考察

渋谷の都市空間が持つ潜在的な力

谷地形のダイナミズム

渋谷の街に生まれ、育まれてきたユニークな都市空間はスクランブル交差点だけではない。多種多様な人々の営み、ふるまい、欲望、発案、投機、規制などが、この街のあちこちにキャラクターのある空間を作り出している。そして、そのレパートリーは、日々少しずつ更新されている。フィリップ・プーンの観察と提案に私が心躍らせた理由は、日本ではあまり明確に意識されていない渋谷駅東口ターミナルの空間が持つ潜在能力、つまり谷地形のダイナミズムをしっかりと感じ取ったことと、そのことを都市空間の寛容性をめぐる問題と結びつけたことだ。

渋谷の谷地形といえば、道玄坂や宮益坂、公園通りの坂道が駅から放射状に伸びているところをふつう想像するだろう。だが、東口のバスターミナルエリア、つまりJR渋谷駅と渋谷ヒカリエに挟まれた広い屋外空間も、渋谷の谷地形がもたらした特性に彩られている。地下鉄銀座線のレールがビルの間から空中に突然現れ、東急東横店のビルに貫入する。首都高速道路がその上を走り、地上との間には歩道橋がいろいろな方向に伸びている。

これは、乗り物や歩行者のための都市インフラのツールが都市の発展とともに断続的に生まれ、結果的に作り出した状況である。だが、もともとそういう状態を狙って「デザインされた」空間というよりは、インフラを作った人々の想定を超えて「テリトリー化された空間」に近い（第1章33頁参照）。いわば、スクランブル交差点の水平方向の動きを垂直方向の重なりに変換した空間、という風にも捉えられる。

フィリップは東口ターミナルで谷地形のダイナミズムを感知し、それを二つの方向に発展させた。彼の第一の提案である「スカイブリッジの活用」も第二の「東口歩道橋の改造」も、谷地形の空間が持つ立体的な関係性を最大限楽しもうよ、というメッセージであると同時に、そうしていない現状に対するリマインダーだと私は受け止めた。

スカイブリッジの屋上に座って渋谷の街を眺めるなんて、あり得ない！　確かにそうである。第二案で提案している歩道橋の拡幅も、幸い、すでに現実に進められている（二〇一九年完成）。だから彼の二つの提案を言葉通りに受け取ることはできないのだが、それでも、二〇世紀の日本の経済成長が作りあげた独特の都市風景の中で、さまざまなスピードで動く交通動線が交差する中に自分の身を置く感覚を楽しもうよ！　というメッセージは、東京に住む人々にとっても刺激的なものだと思うのだ。

東口の歩道橋の拡幅と拡張はこれからも続くようだが、そこを歩く人々が自主的に東口の空間の醍醐味を味わうようになれば、駅の反対側に広がるスクランブル交差点で起こったテリトリー化のようなことが、東口側でも起こらないとも限らない。

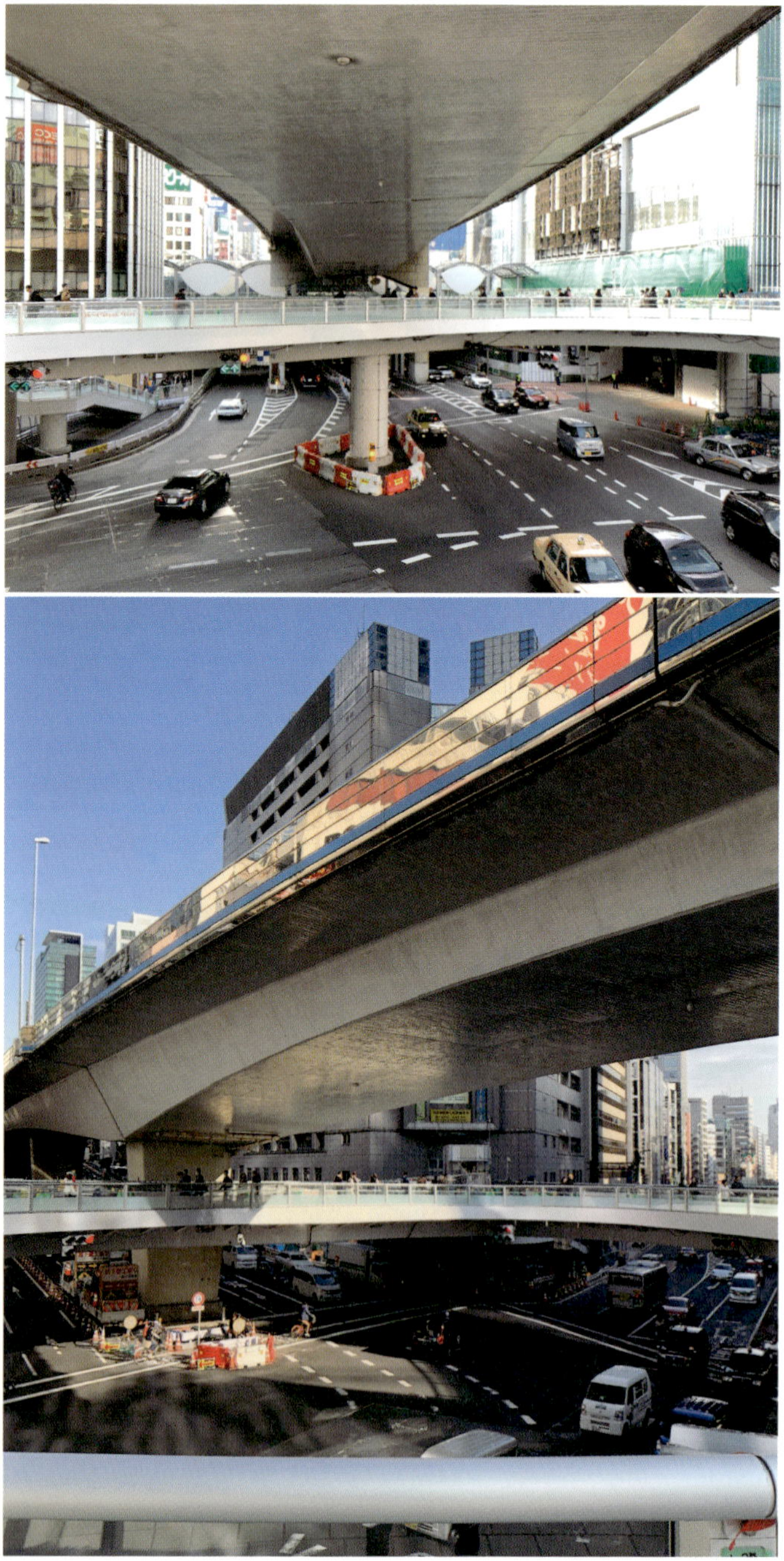

渋谷駅東口エリアの交通インフラの立体的スクランブル　撮影K.Ota

外国人という少数派《マイノリティ》

フィリップの提案にはもう一つ、都市には少数派《マイノリティ》のための空間も確保されるべきだ、という主張が込められている。都市空間における少数派とは、まず身障者や高齢者だが、今の渋谷ではむしろ外国人が最大の少数派になりつつあるのではないだろうか。つまり、言葉が分からない、文化や生活習慣が異なるといった意味での少数派であり、都市環境において、必ずしも十分な配慮の対象になっていないのではないかと思う。

この「新しい少数派」に属するハーバードの大学院生たちが口を揃えたのは、渋谷駅の周辺には座るところがあまりに少ない、ということだった。もちろん、カフェに入ってコーヒーを買えば座ることはできる。だが、彼らが言うのはそういうことではなく、駅というパブリックな空間なら、消費者としてではなく、一人の人間として休みたいときに休める場所があってもいいいんじゃないか、ということだ。

都会の人は歩くのが速い。日本第二の駅ともなるとなおさらである。通勤者のスピードは優先されてしかるべきだ。でも、だからといって立ち止まってお喋りしたり休んだりできる場所がないのはどうなのだろう？　足早に歩く人々のスピードや立ち止まらないことを前提とした空間は、一定の限られた人だけが対象とされている、とも言えるのではないだろうか。

フィリップの提案は、そのことに違和感を覚えたことが動機になったようだ。第一案で取り上げられたスカイブリッジは、渋谷ヒカリエのアーバンコア（エスカレーターが入ったシリンダー状の空間）

外国人旅行者が訪問した都内の場所

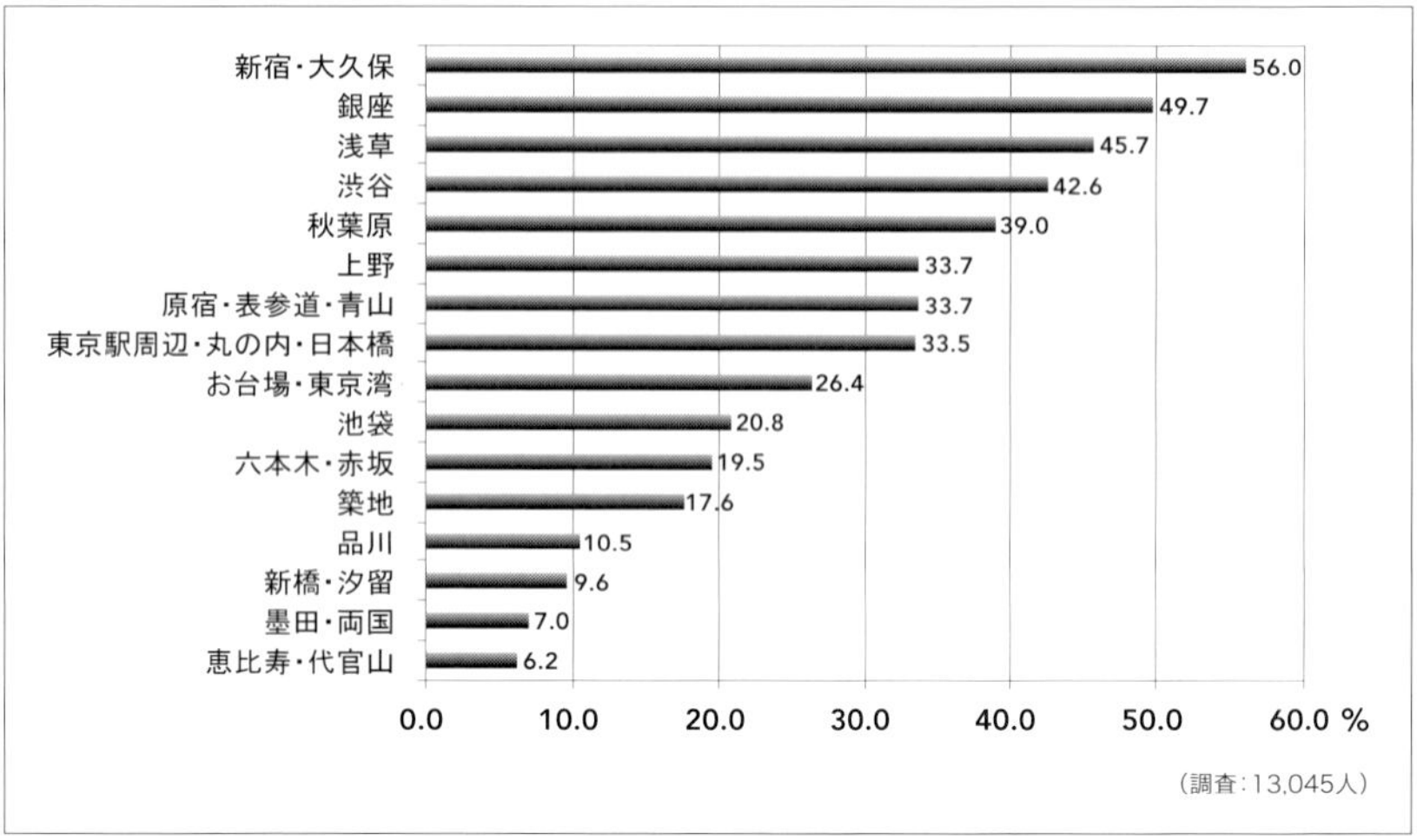

出典：東京都「平成29年国別外国人旅行者行動特性調査 結果概要」より

とJR渋谷駅をつなぐ空中回廊である。アーバンコアでもスカイブリッジでも、人々は立ち止まらず、ひたすら前に歩き進む。休むことは想定外であるかのようだ。そこで彼は密かな抵抗として、スカイブリッジのフラットな屋上に出て腰を下ろし、静かな時間を過ごせたら？　という想像をしてみたわけだ。

　そこでの彼は外国人や訪問者としての少数派というより、渋谷では圧倒的多数派の行動である「消費」というプレッシャーに巻き込まれたくない人間という意味での少数派である。大都会なら、そのささやかな自由が許される空間が、少数派のちっぽけな欲望が実現できる空間があってもいいじゃないか、というわけだ。逆に少数派のふるまいが許されない空間は、多様性を掲げる都市の空間とは言えないのではないか。

寛容な都市空間

渋谷区は二〇一五年、ＬＧＢＴのカップルに婚姻と同格のパートナーシップ証明を始める、というアクションを日本で最初に起こした自治体である。翌年には「ちがいをちからに変える街。渋谷区」という未来像を、区の基本構想として正式に掲げている。「成熟した国際都市へと進化してゆく」ために「ダイバーシティ（多様性）とインクルージョン」という考え方を大切にするという［★16］。

この「ちがいをちからに……」というモットーをすでに実現するかのような空間が、渋谷にはかつてあった。渋谷駅東口から原宿方面に向かって、ＪＲ山手線の線路沿いの細長い土地にあった「みやしたこうえん」である。二〇一一年、アトリエ・ワンの改修設計で開園したものの、二〇一七年には解体されてしまったこの都市公園がいかに時代の先端を行く都市空間であったか、少なくとも私たちの記憶にはっきりと残されるべきである。この公園は、そこにやってくる人々の多様性を受け入れ、しかも促進させるという、まさにダイバーシティとインクルージョンを地で行くものだった。

渋谷駅のすぐそばという立地において、さまざまな都会派のスポーツやダンスを楽しんでもらおうと考えた点ですでに、みやしたこうえんは斬新なパブリックスペースだったと思う。ナイキというグローバルブランドが出資し、渋谷区が推進する公民連携プロジェクト（ＰＰＰ）だったが、公園だから誰でも自由に施設を使うことができる。

★16　渋谷区基本構想。www.city.shibuya.tokyo.jp/kusei/shisaku/koso/index.html

「みやしたこうえん」という東京のロールモデル

下：JR山手線沿い、細長い駐車場の上に作られた東京初の空中公園。
ハイラインとも共通する、ユニークな空間的特徴を持つ公園だった
左上：フェンスの基礎を延長して作られた長いベンチ
左下：大都会の真ん中で練習に集中するストリートダンサーたち
画像提供：アトリエ・ワン

© Atelier Bow-Wow

© Atelier Bow-Wow

アトリエ・ワンの設計が先進的だったのは、スポーツをする人、買い物をする人、歩行者、まわりのビルから公園を眺める人など、多種多様な人がそれぞれの立場や目的で、同時に公園を楽しめるようにしたことだ。「人工地盤上の公園と、明治通りや山手線とのあいだに視線のやりとりが生まれるよう」設計に工夫を凝らした結果、「緑の下でスケートボードを楽しむ人、ビルを背景にウォールを素手で登る人、パーゴラ（細い材を等間隔に並べてつくる日陰棚）下の黒ガラスを姿見に使ってダンスを練習する人、フットサルをする人、そしてベンチにはそれを眺める学生カップル、電車を眺める子ども連れの若いお母さん、日陰で休む老人、弁当を広げる会社員などなど、人々が気ままに時間を過ごす姿が見られるようになった」とアトリエ・ワンは書き記している[★17]。

スポーツやダンスのスキルを身につけた人がこの公園で自分を表現し、練習し、まわりの人々はそれを眺め、あるいは刺激を受ける。やがて自分も試してみることになるかもしれない……。そうやって、見る人と見られる人との間に関係が生じる。ちょうど、横断歩道を渡る人とまわりのカフェや展望台から眺める人が共有するスクランブル交差点の空間にも似ている。

みやしたこうえんは大企業がネーミングライツのシステムを通して出資していたかもしれないが、空間自体はまったくもって公共スペースだった。再開発事業によっていまは幻となってしまったが、この公園の精神は渋谷のレガシーというより、ロールモデルとして将来も継承されていくべきである。

★17 アトリエ・ワン『コモナリティーズ　ふるまいの生産』LIXIL出版、2014年、p.225。

現代のパブリックスペース

公共スペースや人口減少といった都市の課題を追求している岡部明子は、日本の都市で起こっていることを次のように洞察する。

一見、市場が民間の力で豊かな公共空間づくりを可能にしているようだが、内実は万人に開かれているはずの公共空間を私物化することである。年齢や性別、所得の多様な人たちが多様な目的で集う公共空間の姿はない。マーケットの生み出した排他的なコミュニティゾーンが都市の公共空間を吸い込み、公共空間を貧困にしている［★18］

民間主導型の都市再生緊急整備事業について気になる点は、いくらパブリックな機能を持つ空間であっても、出資者が所有する建築の内部あるいは敷地内の空間である限り、開放性や自由度は限られてしまうという点だ。例えば渋谷ストリームの前にある二つの「広場」。ここは超高層ビルと渋谷川に挟まれたオープンスペースだ。しかし、この「広場」で何かを催したい人は、使用料を請求されることになる。渋谷ヒカリエや渋谷キャストの前のオープンスペースも同様である。これでは、本当の広場とは呼べない。これは広場というものを権利として獲得しなかった日本でのみ、成立する話ではないかと思う。

問題の本質は官の所有か民の所有かということではない。たとえ民の所有であっても、公共ス

★18 宇沢弘文他編著『都市のルネッサンスを求めて―社会的共通資本としての都市―1』、東京大学出版会、2003年。岡部明子「第1章 公共空間を人の手に取り戻す―欧州都市再生の原点」p.32。

ペースとしての寛容性、多様性というものをどう実現するかをみんなで議論し、状況を変えていくことはできる。それは政治・経済的な問題であると同時に、空間デザインの課題とも連動して考えていくべきテーマである。

渋谷を舞台に次々と生まれている産官学のオープンイノベーションは、こういう現代の公共スペースの革新にも取り組んでいくといいのではないか。いや、再開発事業自体の中に、都市空間を開いていくための議論を展開していくシステムを組み込んでいけば、渋谷の街の寛容性にとっても画期的な試みになると思う。

第4章

エフェメラが多発する都市《まち》

はじめに

都市空間のハレとケ

私が今までで最も楽しいと感じた日本の公共スペースは、九〇年代まで続いた表参道のホコ天（歩行者天国）である。毎週日曜日になると、全国から電車やバスに乗ってやってきたとびきりお洒落なティーンエージャーたちが、表参道のゆるい坂道を端から端まで行ったり来たりする。彼ら彼女らがバイト代を貯めて揃えた（に違いない）、あるいは自作して身にまとった洋服は、お店には絶対に売っていない類のもので、ありったけの想像力とアイデアが駆使されていた。それをわざわざ見に、私も日曜日の表参道に出かけた。

代々木公園まで行くとイラン人の移民者たちやストリートダンサーたちが大勢集まっていて、青空市のようになっていた時期もあった。ふだんは見ることのない多様なコミュニティが集まり、コミュニティ同士の交流も行われていた。

今日、渋谷のスクランブル交差点でもこれに共通することが起きている。ここを祝祭の場として最初に選んだのはサッカーの熱狂的ファンたちだったというが、今はハロウィーンや大晦日の

歩行者の天国と化した表参道
写真：日本大学文理学部社会学科・後藤範章研究室“写真で語る：「東京」の社会学”

渋谷スクランブル交差点
歩行者天国になったJR渋谷駅前のスクランブル交差点で、新年を祝う人たち（毎日新聞2019年1月1日、朝刊）

日にも、大勢の人がここでの儀式に参加しようと方々からやってくる。

　それはいわば、期間限定の公共スペースである。ふだんは大勢の人が整然と規律よく交差しながら横断していく交差点。だが、特別の日には横断歩道としてのルールは一時的に解除され、不特定多数の人々が執り行う儀式の舞台となる。その場所で人々の欲望が一斉に発散される。要するにお祭りだ。都市の路上空間が、ハレとケの間を行ったり来たりしているのである。この現象が、都市のど真ん中で自然発生的に起こるのだから面白い。私はこうしたハレとケ、緊張と弛緩のサイクルは、都市生活に潤いと豊かさをもたらす重要な要素になると思う。

　表参道の歩行者天国は、行政のシステム設計がベースとなり、その上で人々の想像力やふるまいが独特の現象をつくり上げた。スクランブル交差点だって、元はと言えば四方から交差して効率を上げようという発想から生まれたもの。つまり、システムを設計した人とそれを使う人とが作り上げた空間である。それが、誰も予想していなかった方向に展開した。都市空間が化ける面白さ、人々の自主性を受け入れる寛容さも、人を惹きつける要因になっているのだと思う。

再開発事業によって渋谷駅周辺のエリアは超高層化し、広々としたオープンスペースが現れ、整然とした都市空間に変容するだろう。西新宿の超高層ビル街区のような、静謐でオフィシャルな雰囲気の空間になるのかもしれない。

建築を専攻するローラ・ブテラが考えたのは、都市空間の緊張を緩める手段として、路上に「エフェメラ」を登場させるシステムだった。エフェメラとは、もともとグリーティングカードやチラシなど、役目を終えたら捨てられる短命の印刷物を指す。転じて、空間としてのエフェメラは、短期間現れる仮設の装置やインスタレーションなどを指す。ローラの考えるエフェメラのシステムは、超高層ビルを管理する企業だけでなく、自治体、市民、一般企業といったあらゆる立場の人や組織が共同で作り、管理するものだという。

もちろん、それは一つの空想に過ぎない。しかし重要なのは、都市が経済成長だけでなく、社会の多様性と寛容性を育む空間を確保する方法を、みんなで考え、みんなで実現していけるようなシステムの意義について、私たちに考えさせてくれるところだと思う。

観察と提案

一瞬の出来事に参加できる都市の醍醐味

ローラ・フェイス・ブテラ

観察

公のディスカッション

渋谷にいると、この街ならどんなことが起きても不思議じゃない、という気がしてくる。いや、それこそが、誰もがこの街に惹かれ、やって来る理由かもしれない。渋谷のダイナミックなストリートを歩きたいという思いを持って、やって来るのだと思う。

渋谷の路上空間とは何だろう？　それは人々の心を惹きつける一瞬が訪れては消える空間だと私は思う。そしてその一瞬は、渋谷の路上空間が公共スペースになる一瞬と言えるかもしれない。

二〇二七年に向けて進められている渋谷駅周辺地域の再開発には、ポジティブに評価できる点もたくさん見受けられるものの、渋谷の街全体にとって大事なこともちゃんと受け継がれていくのか、今ある素晴らしさが消えてしまわないか、そこは議論があってよいと思う。例えば渋谷ヒカリエに作られたような公共スペースとしての「アーバンコア」が、駅周辺の典型的な垂直動線としてこれから現われる超高層ビルの一部として増えていくとすれば、それについてのパブリックな議論があってしかるべきだと思うのだ。

再開発計画が進んでいる今こそ、渋谷の街にすでにそなわった魅力が何か、それをどう保存すべきかを議論する良い機会なのかもしれない。そうした議論がなければ、街の魅力が失われるリスクも生じてしまうことになるからだ。

私たちはしばしば街にとって大切なことを当たり前のこととして見過ごしてしまう。このことで私がいつも思い浮かべるのが、「建築は現れては消えていくが、都市はずっと消えずに残る（英文から和訳）［★1］」というアトリエ・ワンの言葉である。とりわけ東京ではこの「現れては消えていく」ペースが速い。なにしろ、東京の建物はできてからたった十年から三十年で消えてしまってもおかしくないというのだから［★2］。少なくとも西洋に比べると、驚くべき短命さだ。

私たちは新しい建築の出現に気をとられがちだが、その建築が現れた街やそこにいる人々のことを、本当はもっと考えるべきなのではないだろうか？

水平の都市、垂直の都市

渋谷には特別の魅力があり、人々に愛されている。そのことを私たちは忘れるべきではない。

渋谷の街の魅力を継承していくためには、その魅力のなりたちをまず理解しておく必要がある。

★1 Atelier Bow-Wow, "Public Space by Atelier Bow-Wow, Tokyo: In the State of Spatial Practice: Miyashita Park, Kitamoto KAO Project," *BMW Guggenheim Lab*. Berlin: Aedes, 2012.

★2 Greg Rosalsky, "Why Are Japanese Homes Disposable?", freakonomics.com, http://freakonomics.com/podcast/why-are-japanese-homes-disposable-a-new-freakonomics-radio-podcast-3/

渋谷の街は一九五〇年代に本格的な発展が始まり、多くの人々を惹きつけるアトラクションが戦略的に導入されてきた。渋谷の空を遊覧できる子供用の空中ケーブルカー、プラネタリウム、映画館といった、都会ならではの施設が登場した。七〇年代になるとパルコ、東急ハンズ、渋谷109が、八〇年代にはシード館やロフトといった特定の消費者をターゲットとする商業施設が次々と開店し、東急文化村のような大型の文化・娯楽施設も現れるようになった。松下希和氏によれば、渋谷では東急系の企業と西武系の企業がコーペティション［★3］、つまり戦略的な競争＋協力関係を長期にわたって続け、人々を惹きつけてきたなかで、渋谷のユニークな文化が芽生え、育まれたという。その文化とは、この街ならどんなことが起きても不思議じゃない！　と思わせる、独特の文化である。

互いに競争し協力しながら発展させてきたこの街の企業は、特徴的な地形を持つ渋谷のさまざまなポジションに競争力を持つ新しい商業施設を置いていくという、水平方向の戦略で街を発展させてきた。つまり、空間の「横の広がり」を作り出してきたのである。土地の高低差、坂道、まわりの路地の具合、道路の交差の仕方、角を曲がった次の展開、というように、さまざまな地形と関係しあう街の発展のしかたは「有機的な街の進化」と呼びたくなる。それが都市空間としての緊張感と寛ぎ、雑踏と落ち着きといったものの同居状態を自然に生み出しているように思う。そこに人々は惹きつけられるのではないだろうか。

空間が横に広がっていることにより、人々のさまざまな動きや流れが路上空間で同時に起こ

★3　Kiwa Matsushita（松下希和）, “Depato: The Japanese department store.” Ed, Rem Koolhaas et al., *The Harvard Design School Guide to Shopping*（Taschen, 2001）, p.251-253.

る、ということが可能になる。渋谷においての「人々」とは、そこで仕事をする、買い物をする、観光する、人々を眺め、街の文化を体験する、とさまざまである。空間の横の広がりは、必要十分条件ではないにしろ、そこで起こることが多様であることを助ける。

一方、渋谷駅周辺地域の再開発では低層の建物をいくつかまとめて超高層ビルにするという、建築というより街のスケールで変革が行われる。これは都市空間が「横の広がり」から「縦の積み重なり」へと変化していくことを意味する。そこで気になるのは、横の広がりで育まれた都市空間の力学が、超高層ビルによる垂直化によってどう変化するのかということだ。

超高層ビルでは空間構成のロジックが変わり、人々をビルの内部に引き入れること、そして人々を上下に移動させることに焦点がシフトする。超高層ビル化は何を新たにもたらし、代わりに何を失わせるのか。少なくとも社会的な関心として人々はもっとこのことを議論する余地があると私は思う。

一時的な公共スペース状態

ここで少し、公共スペースについて考えてみたい。

公共スペースがどのように作られているかは、世界でまちまちである。ここでは四つの都市の例を比較してみたい。人々がどこに、どんな風に集まるか、そこにどんなパターンがあるかがわかると思う。

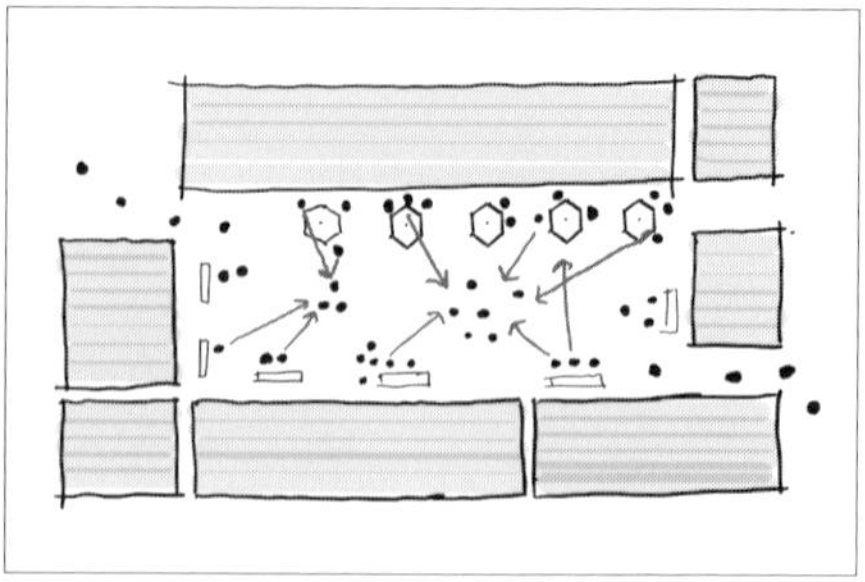

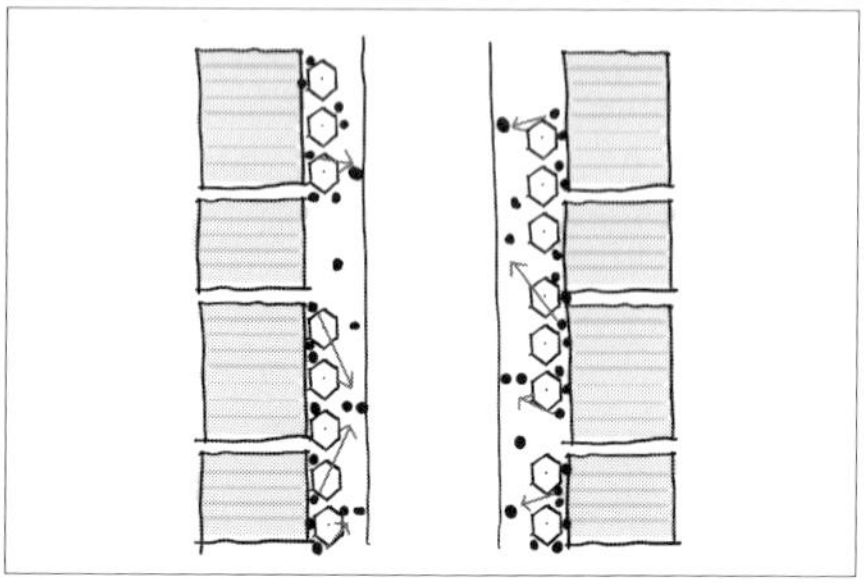

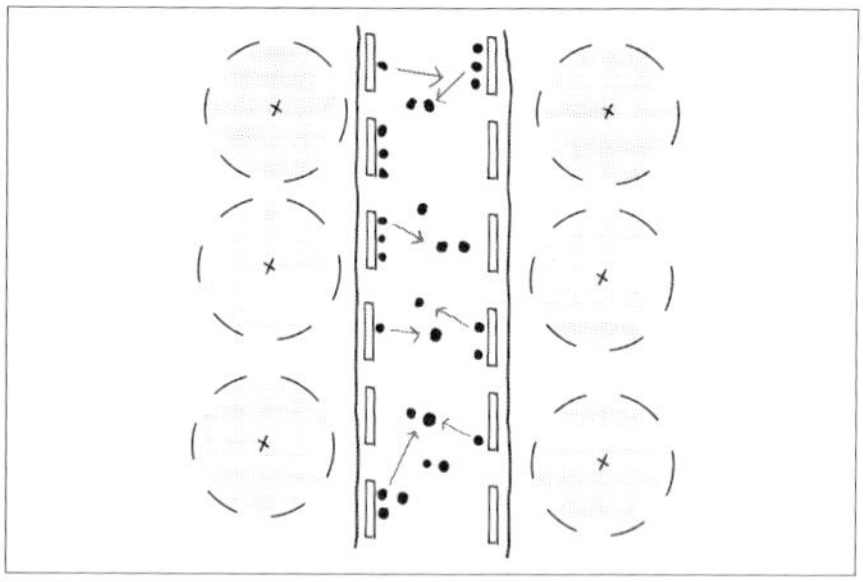

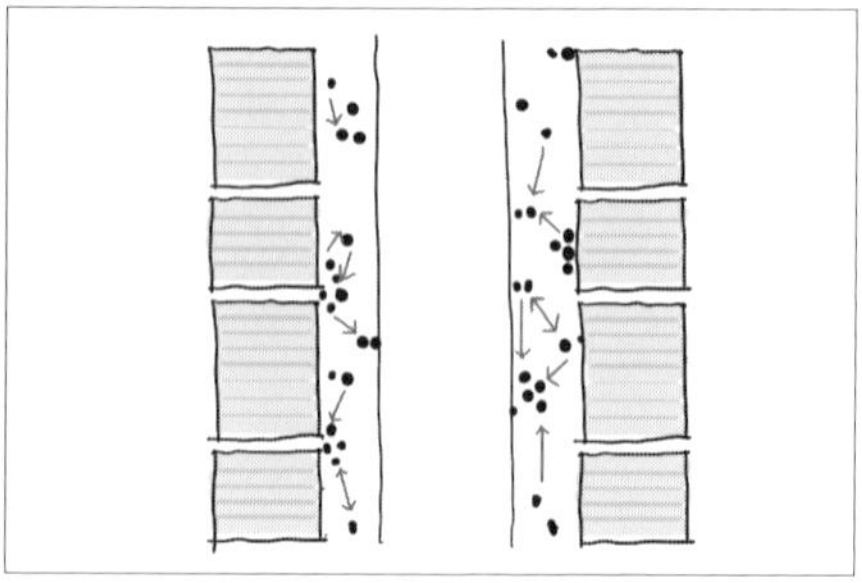

公共スペース各種各様

4都市の公共スペースを比べてみると、それぞれに動きと滞留のパターンがあることがわかる。東京の公共スペースはとても動的で、人々はつねに流れに沿って動かなくてはならない

①ローマのナヴォナ広場
②パリのシャンゼリゼ大通り
③ニューヨーク・セントラルパークのモール（遊歩道）
④東京・渋谷のセンター街

ローマの広場《ピアッツァ》はたいてい大きく開けた場所になっていて、中心部で何かが起こっている。あるいは目玉となるものが中心にある。人々はその中心のまわりを歩いたり、中心を突っ切ったりするのだが、広場の端に来るとほぼ例外なく立ち止まり、中心を見返す。

パリの大通り《ブールヴァール》とニューヨークのセントラルパークにある「モール［★4］」では、共通する現象が見られる。いずれも比較的路上の幅が狭いため、歩行者の流れがより活発になっている。とはいえ、両脇には人々がその流れを眺めるスペースの余裕があるので、座って時間を過ごす人々が層をなしている。

渋谷はどうだろう？　私はランドスケープ・アーキテクチャーが専門の石川初《はじめ》氏が考えるように、渋谷の公共スペースは路上空間それ自体ではないかと思う。この「公共スペース」の中に留まる一つの方法は、路上での流れに沿うこと、つまり歩き続けることである。渋谷の路上は狭すぎて人の流れを眺めることはできないため、歩き続けることになるわけだ。

もう一つの方法は、路上で起こる特別な一瞬、あるいは短期間の出来事に参加することである。東京に来た最初の一ヶ月間、私は渋谷の公共スペースがどこにあるのか分からなかったのだが、石川氏のレクチャー［★5］でようやく理解できた。渋谷の公共スペースは場所ではなく、時間的に生まれるものであると。渋谷では瞬間瞬間に、路上空間が公共スペースの状態になるのである。

公共スペースとして定められた場所があるのではなく、一時的に公共スペース状態になる場所

★4　ニューヨークのセントラルパークにある遊歩道。両側が楡（にれ）の樹で覆われ、北米で最大の規模を誇る。
★5　石川初氏によるハーバードGSD東京セミナー、2016年9月29日。

渋谷と周辺エリアに現れる一時的な公共スペース状態=エフェメラ

エリアの広さではなく、時間の長さによって、渋谷の公共スペース状態のバリエーションを見る。
①②お祭り、③④祝祭的な集い(ハロウィーン、サッカー試合の祝勝など)、⑤⑥歩行者の流れ、⑦マーケット、⑧⑨四季折々の楽しみ、観光、⑩⑪ストリート・パフォーマンス

2

1

4

3

6

5

7

9

8

11

10

がある、というわけだ。「一時的」とは、「ものごとが変化ないし移動する過程にあり、短い時間しか存在しない」ということである。渋谷には一年を通して、それぞれの季節、いや、日ごとに、さまざまな種類の出来事がさまざまな規模で起こっている。そこで私は、渋谷で公共スペースが生まれる瞬間を、規模の大きさによって分類してみた。「規模」とは、集まる人数、スペースの広さ、時間の長さである（前頁）。

ここに挙げたすべての出来事《イベント》は時とともに消えるが、そうした出来事が起こることによって、渋谷の公共スペースは絶えず再生されている、と考えることができる。その事実を、渋谷の未来に向けてどのように生かすことができるだろうか？　空間の「一時的な状態」という考え方を都市再開発のデザインに加えることの重要さについて、J・マーク・シュスターは次のように述べている。

都市をデザインする際、エフェメラのことを真剣に考える人はあまりいない。何故だろう？　一時的な現象はやがて消える、重要でない、軽薄ですらある、都市生活におけるもっと深刻な課題が解決されて初めて考えるべきだろう、と思うからだろうか？　都市計画を生業とする人間は、目標に向かって能力を効果的に発揮し、理性的に行動するよう訓練されている。遊んでみたり、実験的であったり、人の感情に気を取られるのは良くないことだと教えられている。だがそれは、我々が経済の論理に屈したということでもあるのだ。すぐに計測できるコストや利益といったものだけに、我々の価値観はシフトしてしまった。しかしながら実際には、場所の記憶、場所のイメージ、場所が持つ意味、場所のクオリティと価値の受け止め方はすべて、そこで起こる現象《エフェメラ》で決まってくるのである［★6］（英文から和訳）

つまり、渋谷の公共スペースである路上空間に、さまざまなことが自然に起こること、エフェメラが出現しやすくなるようにすることが、渋谷なりの公共スペースの魅力を維持する方法だと私は考える。それは、渋谷自体のアイデンティティと文化を維持していくための方法でもある。

提案

エフェメラを誘発する装置

そこで私が渋谷の未来に向けて提案したいのは、渋谷の路上にエフェメラを誘発する装置を置くことである。渋谷が渋谷らしさを保ち、路上のカルチャーが新陳代謝されていくための手段として、そのような装置を置いて活用していくことは必要でさえあると思う。

先に述べたように、渋谷の未来は「垂直方向」と「屋内」に向かっている。渋谷駅周辺エリア

★6　J. Mark Schuster, *Imaging the City—Continuing Struggles and New Directions*,（CUPR Books, New Brunswick, New Jersey, 2001）3.

が超高層ビルに置き換わっていくことにより、水平方向の空間の広がりは垂直方向へとシフトする。従って、人々の動きも垂直方向が多くなる。さらに、路上を歩いていた人は巨大建築の屋内（内部）を歩くことになる。人々が屋外から屋内へと取り込まれていくのである。だからこそ、渋谷の屋外、つまり路上を活性化していく必要性がこれからさらに高まると思うのである。

単純な言い方をすれば、エフェメラを誘発する装置を置いて、垂直と水平、屋内と屋外のバランスを取り戻す、ということだ。渋谷の路上で人々を惹きつけるさまざまなエフェメラが現れる——そのことを渋谷の「伝統」と考え、維持していくシステムを実践したいと考える。

装置としては、常設のものと仮設のものが考えられる。いずれの場合もデザインはシンプルで扱いやすいことが重要だ。常設の装置としては、地面を使うという極めて単純な方法がすでに実際に使われている。それは、そこが特定の場所だということを示す素朴な方法ではあるが、何かがそこで起こることをほぼ無意識的に伝えるという大きな効果を発揮する。いくつかの例を左に紹介したい。

地面を視覚的に使っている例

①バーネット公園（テキサス州フォートワース）設計：PWP Landscape Architecture
②スーパーキレン（コペンハーゲン）設計：BIG, Topotek 1, Superflex 撮影：Iwan Baan
③江南駅近くの交差点（ソウル）
④オックスフォード・サーカスのスクランブル交差点（ロンドン） 渋谷に触発されたデザイン
設計：Atkins Limited - Member of the SNC-Lavalin Group

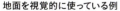

ハイラインの展望デッキ　写真：フォトライブラリー

渋谷の中心部には１８８頁のマップで赤くマークしたところよりももっと静かで広い場所もある。だが、人々の行動パターンを観察していくと、何か大きなことが起こっていて、しばらく眺めていようかと思う時にしか立ち止まらないことに気が付いた。

仮設の装置を置くことにより、エフェメラを舞台に上げ、それを人々が眺めるという明確な場づくりをすることができる。都市空間で何かを表現したい人々を眺めることのできる場所、大勢の人が行き交う場所で起こる何かを眺めることのできる場所を作ることができる。この考え方を実践する例も上と左頁の写真で紹介したい。

私が提案する装置の構造は単純で、必要な面積も比較的小さく、手早く組み立てることができる（１９１～１９２頁）。いつでもどこで

都市のエフェメラを眺める場所
①ハイラインの展望デッキ（ニューヨーク）
設計：James Corner Field Operations, Diller Scofidio + Renfro, Piet Oudolf
②デル・アモ・ファッションセンター（ロサンゼルス）
設計：5+ design
③タイムズスクエアのTKTSブース（ニューヨーク）
設計：Perkins Eastman + Choi Ropiha
撮影：Paúl Rivera/ArchPhoto
④ポップアップ食堂（東京）

も簡単にパッと設置できるのがポイントだ。イベントを行うベースにもなるが、状況に応じて即興で組み立てることもできる。イベントを企画する場合は、運営主体の多様さ、企画対象の多様さを確保することが重要になる。

戦略的な場所設定

エフェメラを誘発する、と言う以上、先に挙げた地面にグラフィック処理をする方法か、即興で組み立てる方法が現実的だろうと思う。その一方で、セラジェルディンの言う「エフェメラの存在を人々が認識し、受け入れるためには、ある程度の規則性を持たせることが必要となる［★7］」という考え方も検討すべきだと考える。

その規則性とは、一つには短期間、一定のロケーションに定期的に装置を置くことである。多くの人々が集まっているところで楽しませる時間と空間を、渋谷の路上で作り出す。装置を置くことによって、それを意図的にエフェメラを起こさせるのである。

私はこの装置を実際どこに置くのが効果的になるのか、渋谷の街を歩いて探してみた。すると、JR渋谷駅の周辺エリア、つまり渋谷の谷底になっているエリアに、歩行者が立ち止まったり集まったりしたい気持ちになるらしい場所が数ヶ所あることに気づいた。「したい気持ちになる」と言うのは、立ち止まっていいですよ、というスペースがどこにも見つからないから、本当はしたいけどできない、という様子を指している。実際、長時間一ヶ所にとどまれる屋外スペー

★7　Ismail Serageldin, Architecture and Society (London: Butterworth Architecture, 1989), 256.

スは、なぜか東京ではあまり見かけないように私には思える。

188頁に示すA～Fのロケーションが二〇一六年一一月に観察した限りには、最も人が溜まりやすい場所だった。こうした場所に、エフェメラを誘発する装置を置く。それにより、現状よりもさらに多くの人々がそこに集まり、より多くのことが起こるようにする、というシナリオを考えたい。

こうした場所にはいくつかの共通点がある。それは面積的にはさほど広くなく、道端だったり、舗道の上だったりする。多くの場合、交差点の角であり、ビルの壁面にもたれかかっている人も多い。エフェメラを起こす場所としては、すでに人々が溜まりがちな場所を選ぶことが効果的だろう。エフェメラの装置そのものも、急な変化に素早く対応できるようデザインされている必要がある。

ネットワークとプログラミング

エフェメラを企画することは、いわば超高層ビルで屋内環境が整備されていくのと同じ勢いを路上に作り出すための手段として、考える価値があると思う。

エフェメラの設計で重要となる要素は、人のネットワークとプログラミングだと思う。人のネットワークというのは、渋谷駅周辺地域の再開発でも行われているように、渋谷における公共セクターと民間セクター、つまり自治体と企業ないし民間組織の双方が協力して維持する官民共

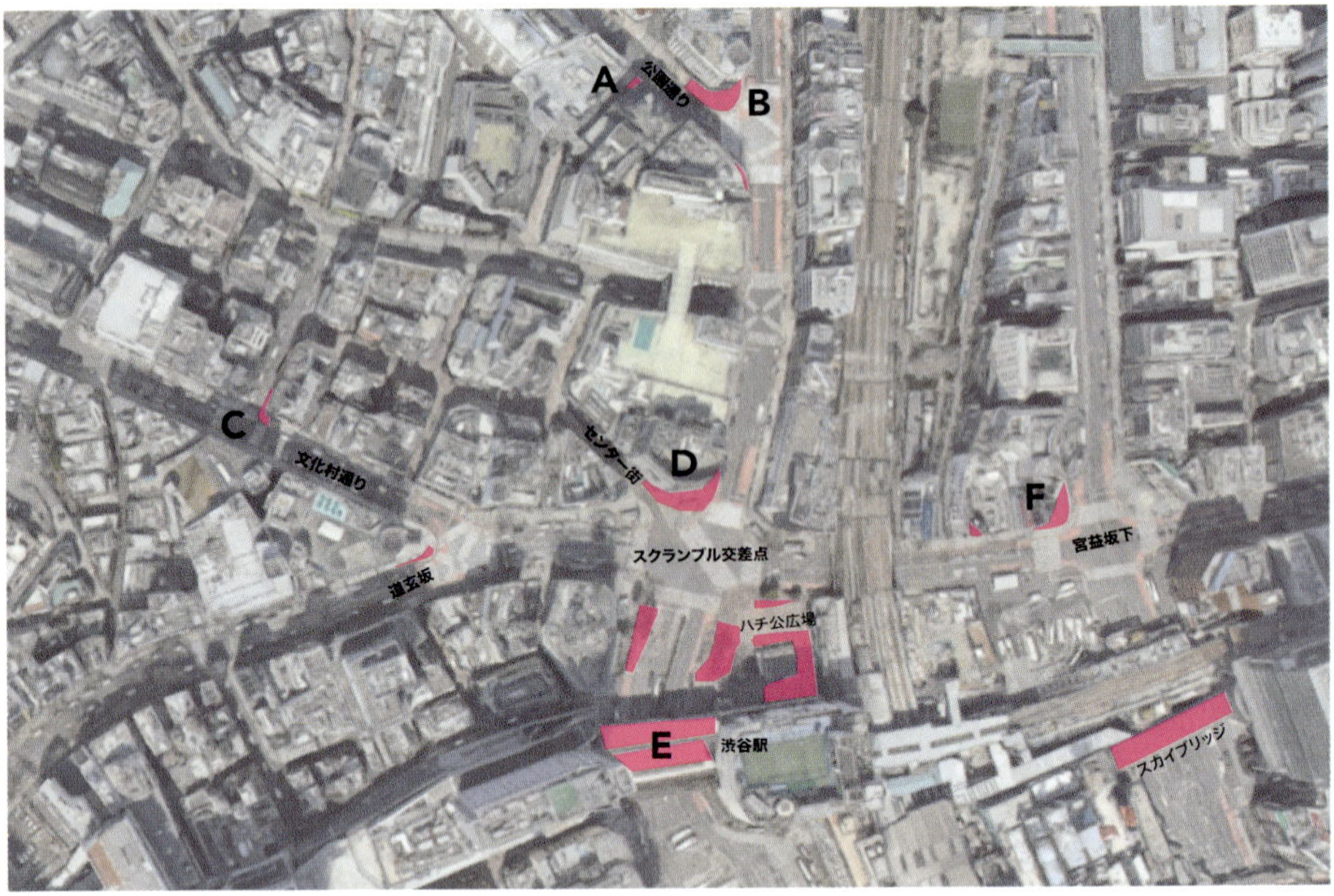

渋谷駅周辺で人の溜まりやすい場所

同のネットワーク、ということになるだろう。

ここで思い出したいのは、「公共にとっての価値は、民間にとっての価値を左右する」というジョアン・クロス［★8］の言葉だ。民間セクターの力を公共のために戦略的に使うことで、長期的に両者が利益を得るという仕組みを考えるべきだとクロスは言う。渋谷でビジネスをしている中小企業や店舗などと自治体が、同じ場所のステークホルダーとして連携し、エフェメラを運営するのが良いと思う。その組織が、渋谷の多様性を促進し、渋谷のアイデンティティを高めるようなイベントを考え、路上で展開、というのが私の考えるシナリオだ［★9］。

エフェメラをプログラミングする方法としては、まず、基本的なテーマを設定するのがいいだろう。私は、渋谷の路上ですでに行わ

★8　国連・人間居住計画（HABITAT）事務局長。元バルセロナ市長。Joan Clos i Matheu quoted in "UN Habitat's Global Program on Public Space," United Nations Habitat and Project for Public Spaces, 6 December 2013.

★9　渋谷駅周辺地域の魅力作りを使命とするステークホルダーの連携組織は「渋谷駅前エリアマネジメント協議会」としてすでに始動しているが、ローラの提案にはまだ実践ないし計画されていないアイデアがいくつか入っている。

渋谷の谷底にある、ポテンシャルの高い場所
右頁地図の赤でマークした場所には、人々が溜まりがちである。そこでは「介入」による効果が期待できる

れていることが、そのテーマに相応しいと考える。すなわち、「販売」「エンターテインメント」「イベント」の三つを通して、そこに多様な人々が集まり、時空を共有できるようにする。渋谷の典型的なユーザーとしては、ティーンエージャーを含む若者、ファッション、音楽、娯楽を目的に来る人、といったカテゴリーが考えられると思うが、それ以外の年齢層やジャンルも意図的にターゲットとすることによって、エフェメラが街の多様性を促進するというサイクルをつくるような努力も必要だろう。

私は大規模な再開発が進む現在、渋谷の街全体のありようを長期的に考えることが、社会的な課題として、建築を職業とする人々に特に求められているのではないかと思う。そこで建築を専攻する私が出した一つの回答が、この提案である。

渋谷の街のあちこちで、人を元気にするような出来事や光景がカジュアルに生まれている。再開発によって渋谷の街の力学が変わろうとしている今、路上空間で生まれる状況がいかに貴重なものかを認識し、渋谷の持つ「場の力」を増幅させる方向へと向かわせることが求められていると思う。刺激に満ちた時間と空間を人々が共有していく状況を作り出すこと。それは、行政や企業だけでなく、建築家たちも向き合うべき課題であると考える。

※記載のない写真は筆者撮影。

提案——エフェメラを誘発する装置——特定のスペースを表示する（常設）
ここで何かが起こることを示す、シンプルな手段。場がすでに持っている力を、さらに強める方法である

提案——エフェメラを誘発する装置——特定の時間を暗示する（常設+仮設）

突発的なイベントも、企画されたイベントも受け入れる装置

考察 パブリックか消費者か?

内部完結していく都市

単純化した言い方になるが、再開発で街が高層化すると、人々の動きは水平方向から垂直方向へと変わる。移動にはエスカレーターやエレベーターが使われ、人の動きは合理化されて快適になる。同時に視野も狭められる。そこは基本的に均質性や合理性が支配する世界だ。

さらに言えば、一つの巨大な建物には、働く、飲食する、集う、ショッピングする、といったさまざまな都市機能が集約されるので、人々の動きはほぼ屋内だけで完結するようになる。超高層ビルが都市空間を断片化させ、内側に閉じさせてしまうという問題をデザインで解決しようと試みた建築家もいる。構造的な問題を超えて、超高層ビルを周囲の街に対して開かれたものにするための工夫も行われてきている。

渋谷駅周辺地域にできる超高層ビルでも、隈研吾氏やシーラカンス氏がそうした課題にチャレンジする機会が与えられたことはある種の現状打破と言えるかもしれない。建築設計だけでなく、土木設計、都市設計という、通常は縦割りされたジャンルの専門家が集まって知恵を出し合う、という共同体制が不可避的に求められるようになること自体も、ビッグなプロジェクトの潜在的なメリットだと考えることもできる。

ただ、内部完結に関しては、もう一つ考えなくてはならない別次元の課題がある。

渋谷駅周辺の超高層ビルは、低層階や地下で駅や歩行者ネットワークと連結している。駅や路上空間という公共の施設ないしスペースが、私企業が所有し、管理する建物の中に組み込まれることになる。そもそも、都市再生緊急整備事業として渋谷駅やその周辺のビルが従来の枠を超える高さとボリュームを認められた理由の一つは、こうした公共スペースを敷地内に持ち、整備することで公共貢献することが評価されたからだった。だが、私企業が所有し、管理する建物の中にある公共スペースというのは、なんかややこしくないだろうか？　そこでのパブリック性とは、どういうものになるのだろう？

ポップス

渋谷駅のまわりには、駅と渋谷ヒカリエを結ぶスカイブリッジ、スカイブリッジと地下鉄駅を結ぶアーバンコア（エスカレーター空間）、建物の前のちょっとしたオープンスペースなど、新しい屋外スペースや施設が再開発によってできてくる。それはいわゆるＰＯＰＳ《ポップス》（Privately-owned Public Space）、つまり私企業が所有し、公共に開放されたスペースである。公共スペースとして認識さ

アーバンコアとスカイブリッジ

れているが、実は私企業が管理する建物のルールに左右されてもいるスペース。つまり、そこでどんな行為が許され、あるいは許されないのかについては、所有者や管理者の判断も入ってくることになる。

ポップスのルールは安全安心な街を作り、守る、という公徳心や善意によって作られるのだろうと思う。とはいえ、都市がもっと寛容性を高めていこうと決意した時、私企業に管理される都市空間ではその寛容性をどう実現していくことができるのだろうか。

市場経済の論理がどこの社会にも徹底して行き渡っている今日、都市は新しい複雑系を抱えている。人々にとっては公共スペースないし公共の施設だと思えるところが、実は私有の土地や建物にある、というケースが世界的にも増えている。ロンドンでは二〇一七年、市の中心地が実はポップスだらけになっていることを「ガーディアン」紙が報道し、社会的な議論を巻き起こした。

ガーディアンによれば、ロンドン市中心部のポップスは、公共スペースであるかに見えて実は私企業の所有だが、実際誰が管理しているのか分からないことが多いという。問題なのは、その場所で実際どんな行為やふるまいが許されないのか、どういう規則に縛られるのかは所有者次第であり、しかもそれが公表されるケースも極めて少なく、そもそも個人情報だとして公開を拒む企業、回答を拒否する企業が大半だったという［★10］。

治安のよい日本では、現実にそれで何かが問題になることは滅多にないのかもしれない。しかし、都市というものが持つべき多様性に、ポップスは実際どこまで対応し得るのか。これから多様性を強めていこうとする都市内部の変化に対し、どれだけ柔軟に対応できるのか。それは、渋谷駅とその周辺の超高層ビルを含め、あらゆる再開発事業が取り組むべき今後の課題である。

その課題を現実に映し出す一つの例が、公園である。公園に行くと、してはいけないことの注意書きが看板にズラリと表示されているのをよく見るようになった。まるで目に見えない監視カメラがあちこちに設置されているような気がしてくる。これは世界的な傾向でもあって、都市空間はどんどん不寛容に向かっているようなのだ。

公園という典型的な公共スペースでさえこうである。この流れでいくと、都市空間が多様性を持つことは、どんどん難しくなっていくのだろうか。

★10 Jack Shenker, “Revealed: the insidious creep of pseudo-public space in London.” The Guardian, July 24, 2017. www.theguardian.com/cities/2017/jul/24/revealed-pseudo-public-space-pops-london-investigation-map

代々木公園の注意書き

都市空間の筋トレ

都市空間に多様性を持たせるというのは息の長い課題だろう。まずは超高層ビルを管理する私企業だけでなく、そこに関わる自治体、そして地元の市民や企業が状況を共有し、一緒に議論していくべきものだと私は思う。

一つの案として考えたいのは、システム設計のことだ。表参道が若いファッショニスタの舞台と化す、という現象は、道路を歩行者に開放するという、行政のシステム設計のおかげで起こった。都市がさまざまな場面で規制と管理を強めていくなか、ハレとケの運動を起こさせるシステム設計も必要なのではないだろうか。そのために、地元のステークホルダーたちが話し合っていくことが求められると思うのだ。さまざまなアイデアを出し合い、試していく。都市空間が柔軟性を発揮することによって、多様性や寛容性という力を身につけていくようにする。都市空間も「筋トレ」で自らを鍛えることが可能であり、必要だと私は考える。

ニューヨーク市には参考になりそうな試みがいくつかある。屋外でダンスやアート展示を無料で見せ、都市空間の活性化を図る「Dancing in the Streets」、コインランドリーをアート会場に変え、貧困層の社会参加を促す「Laundromat Project」、有名企業のオフィスをアート空間として開放する「Arts Brookfield」等々。地下鉄では、オーディションに受かれば誰でも車内でパフォーマンスやダンスを無料で披露することができる。[★11]

ラスベガスのフレモント通りの路上には38の大きな円がセッティングされている。登録してクジに当たったストリートパフォーマーは、その円の一つでかなりの自由度でパフォーマンスすることが許されている[★12]。これも無料だ。市場原理の強いアメリカでも、ロンドンのように公共空間の私有化が進む一方、都市空間を市民に一時的に開放する努力がなされている。ニューヨークのハイラインが世界的な賞賛を得ている一つの理由は、大都会の中で多様な人々を受け入れる公共スペースとして、さまざまな異例のアイデアを試す勇気を示したことだと思う。

渋谷の未来に望まれるのは名ばかりの「広場」ではなく、誰にでもドアを開放し、多様な人々の交流を生ませようとした、みやしたこうえんのような場所ではないだろうか。そのような場所を誕生させるシステムの設計が、再開発された場所でこれからも行われていけば、渋谷区が掲げる都市のビジョンに現実も近づいていくだろうと思う。

★11 Lower Manhattan Cultural Council, *Pubic Art and Performance*, March 2015.
★12 ラスベガス市のストリートパフォーマー用ウェブサイト。
https://secure3.lasvegasnevada.gov/buskerpermit/Default.aspx

第5章
都市空間を妄想する

空想することの価値

レアンドロ・コウト・デ・アルメイダの提案が面白いと思うのは、論理的な考察で突き進むのではなく、途中で空想的な未来のイメージにワープするところだ。そういう飛躍は、建築のデザインにおいては時として素晴らしい結果をもたらすことがある。ふつうに考えれば実現不可能な空想的ストーリーも、何か本質的なものに響けば、仰せごもっともな現実案よりも人の心を動かす可能性を持ち得る。

渋谷駅とデパートが一体化していることにレアンドロは興奮する。無数の人々がさまざまな目的でこの巨大な箱に入っていき、交差する。そこは都市生活のハブだ。しかも地下世界ともつながっている。マーケットのような食料品売り場があり、商店街があり、駅がある。商業空間とパブリック空間が渾然一体となっている。

彼はそこに有名なスーパースタジオ［★1］の「基本的な行為。生活。超表面。春の掃除」（一九七一年）のイメージを重ねた。第二次世界大戦後、情報革命が始まった現代社会の未来を、

★1 1966年、アドルフォ・ナタリーニ、クリスティアーノ・トラルド・ディ・フランチャ、ロベルト・マグリス、G.ピエロ・フラシネッリ、アレサンドロ・マグリス、アレサンドロ・ポーリ（1970-72）から成るフィレンツェの若手建築家グループ。60年代後半から80年代にわたり、ラディカルな都市や建築のシナリオを、強烈かつポエティックなイメージによって表現し続けた。

Superstudio, “Atti Fondamentali. Vita. Supersuperficie. Pulizie di Primavera,” 1971
スーパースタジオ「基本的な行為。生活。超表面。春の掃除」1971年
画像提供：Archivio Superstudio Filottrano

Archizoom Associati, “No-Stop City – Internal Landscape,“ 1971
アーキズーム・アソシアーティ「ノーストップ・シティ――屋内のランドスケープ」1971年
画像提供：Paris, Centre Pompidou-MNAM/CCI-Bibliothèque Kandinsky

幻想的かつ風刺的に描いた強烈なドローイングだ。七〇年代初期、フィレンツェの建築家グループが発表したそれら一連の空想世界は、世界中の建築家や学生たちを刺激した。

レアンドロには渋谷駅の入ったデパートのビルが、社会のありとあらゆる欲望と情報と物質を取り込んだ、均質なグリッドでできた立方体のように見えた。それは、人と情報と交通システムを緻密にネットワークさせた、三次元の電子回路のようにも見える。

電子回路を立体的に張り巡らせたデパートの箱。では、スーパースタジオと同世代のラジカルな建築家集団、アーキズーム・アソシアーティ[★2]が描いた「ノーストップ・シティ　屋内のランドスケープ」のように、立方体のネットワークを仕切るものがすべて透明だったとしたら？

空想の連鎖の果て、彼の頭に浮かんだのは、屋内

★2　1966年、アンドレア・ブランジを中心にフィレンツェで結成された建築家・デザイナー集団。スーパースタジオとともに「超建築」展を開催し、衝撃的にデビュー。ポップカルチャーに触発された実験的な家具をデザインするとともに、都市と大衆文化をめぐる考察を「ノーストップ・シティ」として発表した。1974年に解散。

のあらゆる仕切りが透明な、都市回路が張り巡らされた箱だった。そこでは、都市そのものを圧縮したかのような多種多様な場所が互いの視界に入り、人々の移動と交流が多様化されている。ちょうど、ロシア構成主義の建築家レオニドフ氏が革命後の社会に向けて提唱した「ソーシャル・コンデンサー」の概念［★3］を思い起こさせる。

嘘から出たまこと、という言葉があるが、現実への洞察力を持つ人が直感を頼りに空想を重ねていくと、奇想天外であっても本質を突いた解を潜ませた世界にたどり着くことがある。そうなれば、あとは不可能だと思われていた形や構造を可能にする離れ技を考えてくれる優秀なエンジニアの心を掴めばよい。シドニーのオペラハウス、ビルバオのグッゲンハイム美術館、北京の中央電視台……。どれもあり得ないものの空想が発端となって生まれた、建築の傑作である。

★3　社会的ヒエラルキーのない革命的社会において、あらゆる人々の動きや営みが交差しあうように建築を構成するという考え方。社会のエネルギーを生成する蓄電池としての建築。ギンズブルグ設計の「ナルコムフィン集合住宅」（モスクワ）はソーシャル・コンデンサーの概念を体現している。

観察と提案

光と影のあいだ

レアンドロ・コウト・デ・アルメイダ

観察

東京のシンボル

我々はどんな都市を作りたいのか。それは、そこにどんな社会的な関係性、自然やライフスタイル、科学技術、美しい景観があることを望むかということと切り離して考えることができない。都市に対して人間が持つ権利は、都市のさまざまな施設に個人がアクセス可能かどうかといったことよりもはるかに重要なものだ。それは都市を変容させることによって、我々自身を変容させることができるという権利である。さらに言えば、個人の権利というより人々みんなの権利である。なぜなら、都市を変容させるには複数の人間の力を結集し、都市の進化のプロセスそのものを変える必要があるからだ。都市と我々自身を、作ってはまた作りなおすことができる自由。それは我々人間が本来持つ、最も大切でありながら相当にないがしろにされてきた権利の一つであると、私は主張したい。

——デヴィッド・ハーヴェイ［★4］（英文から和訳）

渋谷という街は、いまや東京の都市文化の象徴として世界に知られようとしている。そのことを示していたのが、二〇一六年のリオデジャネイロ・オリンピック閉会式で上映された映像だった。リオから世界に同時放映された映像は、次期オリンピック開催都市となる東京が舞台で、オープニングシーンに渋谷が登場した。映像の制作者は、東京が世界を迎え入れる場所として渋谷を選んだように、僕には思えた。渋谷がもっともポピュラーな場所として国際的に知られていると考えたのだと思う。スーパーマリオに扮した日本の首相が、渋谷のスクランブル交差点から穴を掘り進み、ブラジルに到達する。東京と世界が、渋谷を介して繋がれたわけだ。

東京都（そして日本）が渋谷を日本の「玄関」として扱ったことの意味は大きいと思う。映像には渋谷への誇りと愛着が確かに存在していた。それは、渋谷のアイデンティティと文化への誇りと愛着だったとも言えるだろう。

しかし、渋谷の都市空間の現実はどうだろう？　世界中の都市が今、取り組みを求められている公共性、寛容性といった課題と、どう向き合っているだろうか？

★4　David Harvey, “The Right to the City”, New Left Review 53, September-October 2008, p.23.

鉄道駅と商業施設

渋谷の街の発展には、鉄道会社とデパートが大きな役割を果たした。東急電鉄と東急百貨店、西武百貨店、パルコなど、東急系と西武系の商業資本が、この街のアイデンティティづくりに貢献してきた。

私鉄とデパートの結びつきは特徴的である。この二者は単なる民間の交通機関や商業施設であるだけでなく、一体となって新しい文化を育むよう活動してきた。渋谷と日本のデパートの関係について、松下希和氏は次のように書いている。

（鉄道ターミナル駅の上に作られた）デパートは、私鉄沿線に住む消費者のニーズに応え、利便性を追求してきた。デパートはそうした消費者に対し、教育関連サービス、スーパーマーケット、結婚式場、スポーツ施設など、さまざまなプログラムを提供する、一種の文化施設としても機能している。［★5］（英文から和訳）

鉄道駅の上のスペースが有効利用されて駅ビルとなり、そこにデパートが入っている。鉄道駅と商業施設が一体となったこのハイブリッドな空間形態は、西欧には見られないものだ。郊外から通勤してきた人がターミナル駅に着くとそのままエスカレーターに乗り、洋服からリネンから食品までおよそ生活に必要な買い物を済ませることができるのである。

★5 Kiwa Matsushita（松下希和）, “Depato: The Japanese department store.” Ed, Rem Koolhaas et al., *The Harvard Design School Guide to Shopping*（Taschen, 2001）, p.248.

しかし、ランドスケープデザインを専攻とする僕にとって気になるのは、鉄道駅という、たとえ民間企業の経営であっても一定の公共性《パブリック》を持つ鉄道駅の空間と、消費活動に徹するデパートの空間が一体化することがどういうことなのかということだ。いや、鉄道駅とデパートという組み合わせだけなら、ことはまだ単純かもしれない。いま進められている渋谷駅周辺地域の再開発で、渋谷駅は高さ約二三〇メートルもの超高層ビルとなり、中にはこれまでと桁違いのスペースが生まれ、通勤客と買い物客よりはるかに多岐にわたる人々が、駅ビルを利用することになる。そうなると、駅ビルの地下から最上階に到るまでの空間自体が、都市のミニチュア版のようになるのではないかと思う。そして、駅周辺の空間で高まる公共性と民間施設の領域とがどのように関係し合うのかが、見逃せないものになってくると思うのだ。

ケン・ウォーポールとキャサリン・ノックスは「公共スペースの社会的な価値」と題したエッセイの中で、これまで公共スペースの中で起こると考えられてきた人々の出会いや交わりが、どんどんその外に広がっていると述べている。

校門の前のちょっとした集まり、コミュニティ施設での活動、ショッピングモール、カフェ、青空市場といったものもみな、人々が出会い、さまざまなモノやコトを交換し、共有する場所《アリーナ》になっている。〝パブリック〟と称される人々にとって何が重要なのかといえば、その場所の所有者が誰で、どんな外見になっているかではなく、多様な人々が多様な営みのためにその場所を共有できるかどうかである。そう考えると、本来どんな場所であれ、所有者や外観とは関係なく、公共スペースとして機能する可能性が潜在的にあるはずなのだ。［★6］（英文から和訳）

渋谷の駅ビルが面白いのは、駅という公共交通機関を使うためのスペースと民間商業施設のスペースが、接続しているというより一体化している点だ。ビルの一階から三階までの低層階部分は駅の構内と直結し、同時にビル内を横断して別の施設へと続く通路ともなっている。地下階は食品売場になっているが、そこも地下鉄駅と地下商店街に直結している。パブリック度と消費空間度がグラデーションのように変化ないし転移していく空間なのである。

ウォーポールとノックスの議論でいけば、渋谷の駅ビルのような場所にも、「公共スペースとして機能し得る」空間が生まれる可能性はある。すると彼らのいう「多様な人々が多様な営みのために共有できる場所」は、具体的にどのように確保され、育まれるのだろうか？　消費活動から自立した行動が可能な公共の場所は、どのようなかたちで成立し得るのだろうか？

それは世界中の都市が免れることのできない今日の課題でもある。ニューヨークやロンドンの例を挙げるまでもなく、大都市の中心部がどんどん民間資本の所有と管理下に置かれる方向に向かっていることもその一因である。

★6　Ken Worpole and Katharine Knox, *The Social Value of Public Spaces*. Joseph Rowntree Foundation, p.4.

渋谷の高層ビルの床面を見下ろす——不透明なフィールド

提案

都市表面のプログラミング

そこで僕は、渋谷駅で想像し得る都市開発の手法を提案したい。第一の提案は地面や床面に着目し、人が歩く、いわば都市の表面をデザインすることによって人々の交わりを活発化させ、消費活動以外の営みを促進する、というものだ。渋谷駅ビルが将来どのように変貌するかはすでに決められているが、だとしても都市空間の公共性を促進する方法を空想する意義は小さくないと考える。

ランドスケープ・アーキテクトのアレックス・ウォールは「都市の表面をプログラミングする」というエッセイの中で次のように書いている。都市のランドスケープデザインは「機能的なマトリックスとして空間やものを組織しているだけでなく、さまざまな動きや流れ、そこで起こっている出来事を細胞組織のように束ねもしている[★7]」と言う。その彼が参照しているのが、七〇年代に活躍したフィレンツェのラディカルな建築家グループ、スーパースタジオによる空想都市のプロジェクトだ（201頁参照）。

この有名なコラージュは第二次世界大戦後、ヨーロッパの都市が人々の生活を取り戻そうとしている時代に描かれたもので、都市の広がりを人工的な表面で覆い、その表面をプログラミングすることで新しい都市生活が可能になり、人間が解放されるというストーリーである。その世界はグリッド構造を持つフラットな平面で果てしなく覆われ、人々はそのグリッド構造からエネルギーと情報を享受しながら、好きな場所に好きなように住む。

僕はこれを渋谷の再開発に結びつけて考えてみた。超高層ビルの垂直方向の空間構成が、ウォールのいう「マトリックス」になるだろう。一方、都市の表面は一般的にアスファルト、コンクリート、石といった不透明な素材で覆われた部分が多く、人とものの動きを屋内で立体的に把握することは難しい。ならば都市の表面そのものを変えることによって人の動きを刺激し、活発化させることはできないだろうか。

ここで参照しておきたいのが、日本に来て知った建築家・田中智之氏のドローイングだ。彼の描いた渋谷駅の世界では、都市空間のあらゆる表面が透明に描かれているために、異なるロジックや目的で機能しているさまざまな空間が互いにどのように関係し対話しているかがよくわか

★7　Alex Wall, "Programming the Urban Surface," in James Corner ed., *Recovering Landscape – Essays in Contemporary Landscape Architecture*. Princeton Architecture Press, 1999.

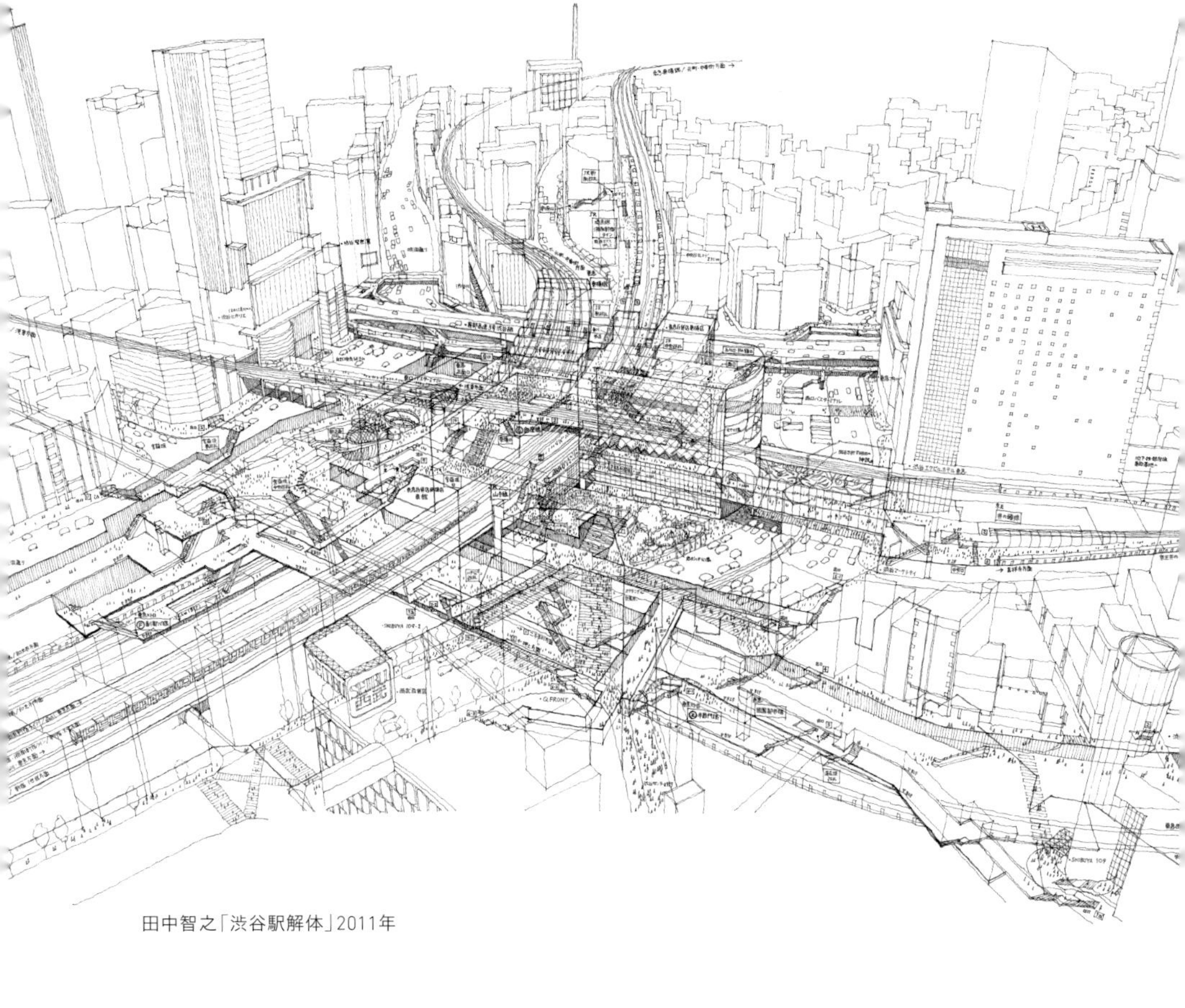

田中智之「渋谷駅解体」2011年

る。このドローイングを見つめていると、都市の表面がウォールのいうマトリックス、つまり人や物事の動きを活性化させる「関係性のシステム」として把握できるように思える。

透明性はものごとの動きを活性化しもする。ビルの内部は床で仕切られているから、ワンフロアの視界は小さな範囲に限られる。床を透明にするのは技術的に考えれば現実的ではないが、内部の壁を一部取り払って、異なる階の空間と人の動きが互いに見えるようにする、といった建築デザインの工夫によって同じような効果を狙うことは可能だ。

渋谷の表面を剥がす

> われわれの大都市に特に欠けているものの何であるかを見抜く洞察が、早晩、それも多分近い将来に、必要となるだろう。それは、思索のための静かな、ひろびろした、うちひらけた場処、天気が悪いとか陽差しがきつすぎる際に利用できる天井高くて長い歩廊のある場処、そこには車馬や呼売人たちの騒音がすこしも聞こえてこず、僧侶ですら声高の祈祷を遠慮するほどの粛然たる気配が立ち込める場処、である。（中略）これらの御堂や庭園のなかを遊歩するとき、われわれは自分を石や草木に変えてしまいたくなる、われわれは自己の内へと散歩したくなる。
>
> ——ニーチェ［★8］

★8　フリードリッヒ・ニーチェ著、信太正三訳『悦ばしき知識』第四書二八〇（「ニーチェ全集8」）。筑摩書房（ちくま学芸文庫）、1993年。

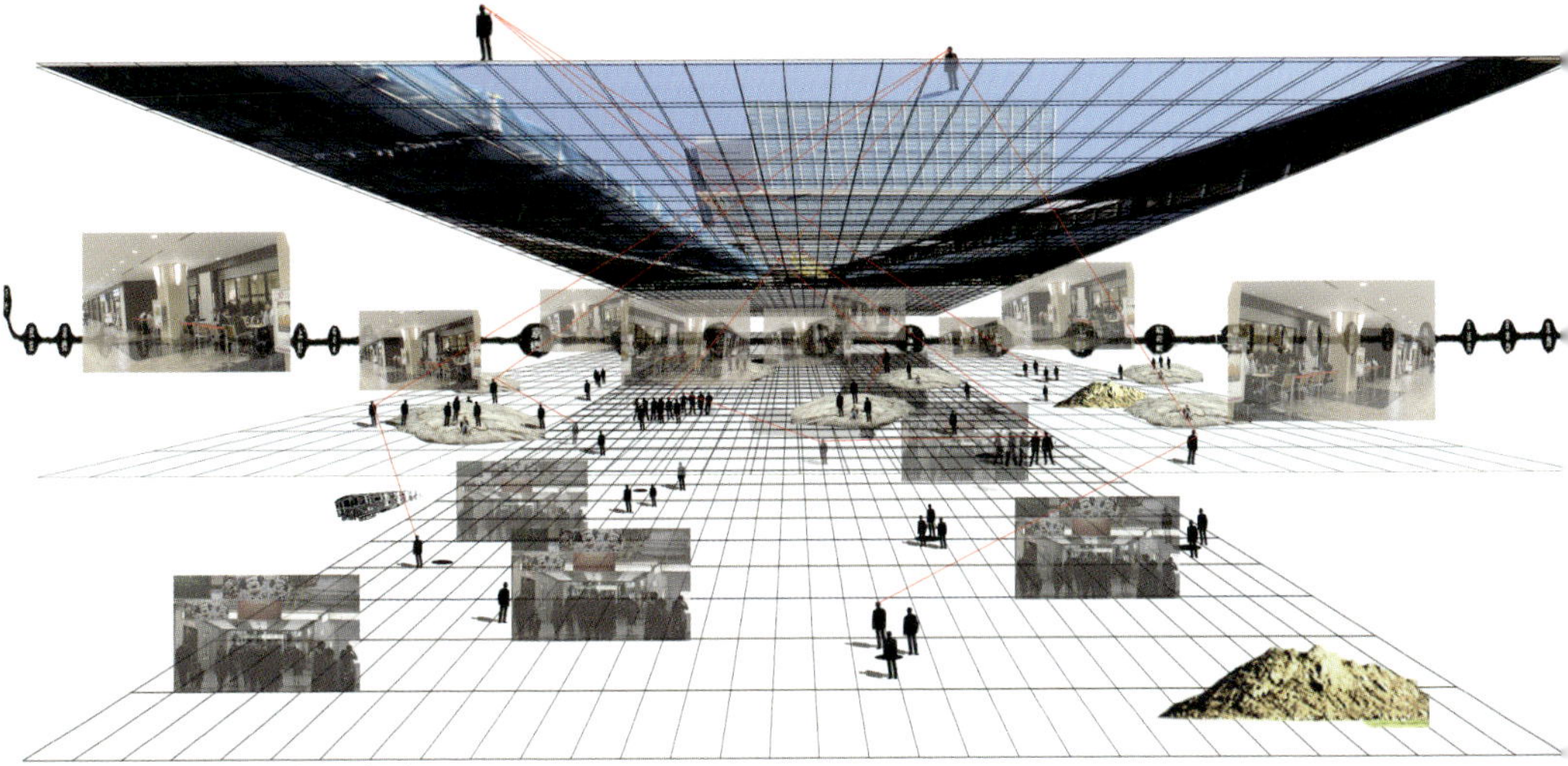

提案——透明な都市

僕が空想する未来の渋谷駅——それは、教育、文化、娯楽、ショッピングがすべて楽しめる巨大複合施設なのだが、すでにあるデパートと決定的に異なる点がある。それは床や壁、つまり屋内空間の表面の一部が取り去られているために空間の透明性が高く、都市空間の力学が活性化されていることである。ここに来た人々は屋内の視界が従来よりも広いために、多様な空間と人々の営みを視野に入れることができる。その結果、偶然のインタラクションが高まり、人は従来よりも活発に動くようになる、と考える。

重要なのは、移動、買い物、飲食という、ここでの従来の行動に加え、教育、文化、娯楽、スポーツ、休息といった、もっと広がりのあるプログラムの内容がオプションとして加えられていることである。しかも、公園のように代価を支払わなくてもくつろげる場所もあちこちにある。そうやって、市場経済のルールから自由になれる、公共性の高い場所をあちこちに入れ込んでいく。

もう一つの提案は、高度にデザインされた空間をあえてなくすことによって、都市の隠れた魅力を手に入れることである。それは都市空間にいる人々の自発性や自由さを取り戻すための手段でもある。

再開発された都市空間は、何もかもがことごとくデザインされていて、一定のルールや制度で支配されることになる。しかし、都市を設計する人々は、「もっといい空間を」という現代的な使命感［★9］を一瞬放棄することによって、自分たちの想像を超えた都市空間がそこに立ち現れる可能性があることも考えたほうがいい。アイデンティティを持たない空間を作るのは勇気のいることだが、それはデザインに支配されない、自発的で多様な使い方を可能にする空間を作ることであり、社会的にも環境的にも潜在的な可能性を蓄えた場所を作ることでもある。

デザインされていない、何もない場所というのは、ちょうど工事現場のように、都市本来の表面が現れている状態である。その「工事」は、そこに来る、あるいは通過する人々が引き受けるのである。つまり、人々が自分たちの自由な発想や本能や技術によってそこで何かをし、他者と関係しあいながら「完成予想図」にならないシーンを作り出していく。そのような場所から人々は新しい何かを学び、都市生活をより豊かなものにすることができるのではないだろうか。

市場経済に支配されている今日の都市では、資本の力や消費システムとまったく無関係な空間

★9 James Corner, *"Landscraping,"* in *Stalking Detroit*, ed. Georgia Daskalakis, Charles Waldheim, and Jason Young（Barcelona: Actar, 2001）, p. 124.

を作り出すという発想は現実的に難しい。だが、都市空間の所有者や設計者が、「デザインする」「コントロールする」という鎧を外してみるという冒険は、ある程度は可能なのではないかと思う。それによって、そこに来る人々が「野生の思考」を取り戻せるとしたら！　それは危険すぎるのだろうか。

渋谷の未来を考えるとき、僕は屋外空間の使い方を基本的に人々の自由意思に任せるという、実験的な都市デザインの空想を止めることができない。この大都会の空間でこそ、こうした実験は強烈な成果をもたらすのではないかと思うのである。

※記載のない写真は筆者撮影。

考察

野生の思考

見通しの良さがもたらすもの

レアンドロ・アルメイダの二つの提案に共通するのは、建築や都市が作られる上でどうしてもクリアできない障壁を取っ払えたなら、どんな解放感が味わえるだろう？　人々はどんな新しい自由を得ることになるのだろう？　そんなロマンチックな願望を表現していることだ。

クリアするのが難しい障壁。それは難しいと信じ込んでいるから障壁になっているだけなんじゃないか？　障壁だと決めつけることで、その先の思考がブロックされてはいないか？　無駄と思えても思考の中で障壁を取っ払ってみることは、デザイナーにとって時として重要である。

まずは物理的な障壁。建物の内部は不透明な床や壁で仕切られているが、その物理的障壁を取り除けば一気に視野が広がり、どこにいても別の場所にいる人々との視線を介したコミュニケーションや心理的なインパクトが生まれるだろう。別の場所の存在が無意識にでも視野に入るようになると、人の行動はもっと広がるのではないか。そこでは思わぬ展開が生まれやすくなるのではないか。それこそが都市の面白さではないだろうか。

都市のさまざまな機能を複合的に併せ持つ渋谷駅のビルを対象に、そういう空想をしてみるのも決して無駄なことではないと思う。都市機能を集中させた建物、ソーシャル・コンデンサー。建物の中の別々の場所にいる人たちの間に、あるいは場所と人の間に引力が生じるようにするのは、建築デザインの腕だ。例えば駅と売り場、売り場とギャラリー、売り場とカルチャースクール、駅と休憩室、といったように、異なる機能を持つスペースを視覚的に結ぶ。そうするとどんなメリット、デメリットが生まれるだろうか？

引力については、建築のプログラミング、つまりどんなスペースを作り、どんな配置関係に置き、どんな体験を作り出すか、といった構成を考えることで、ある程度は解決がつく。だが、仕切りを透明にすれば、次元の異なる成果が生まれるかもしれない。絵空事だろうか？

空間を仕切る床も壁も、不透明なのが当たり前とされてきたが、壁の方はガラスの製造技術や構造設計の革新のおかげで、建物の外壁も屋内の壁も透明にすることができるようになってきた。

床の方は、構造体やさまざまな配線や配管が詰まっているから、透明にするのは論外かもしれない。だが、物理的に透明にするのはある程度は可能だ。レアンドロも書いているように、床の一部を取り除き、中空を作って、上下階どうしの視界を開くのである。日本橋の三越や高島屋といった老舗のデパートに行くと、一階から最上階まで、建物の真ん中部分が吹き抜けになっている。渋谷ストリームでも床の一部が楕円形の中空になっていて、そこをエスカレーターが斜めに横切っている。その大きな「穴」から上下階を見通せるようになっている。

大雑把な言い方になるが、社会が「共有する」「開放する」といった新しい価値観を持ち始めている今、建築のデザインにも物理的な「透明性」「開放性」「柔軟性」が求められていくだろう。それは、単に透明な素材を使うといった字義通りのやり方もあるが、空間の構成そのものを変革してしまうような展開もあり得るのではないかと、期待される。

都市空間の作法

レアンドロの二番目の提案は、再開発によって生まれる屋外エリアの整然とした雰囲気、といったものへの反発である。

すべてがあまりにかっちりデザインされすぎていて、何か落ち着かない。そこにいると、目に見えないルールに支配されているようにさえ感じられる……。ここではこのようにふるまうべき、といった暗黙の取り決め《プロトコル》のようなものに、誰もがちょっぴり萎縮させられるのではないか。同じ公共スペースでも公園では感じないフォーマルさがそこにはある――そんなことへの反発だ。

都会に住み慣れた人間はそこまでは反応しないと思うが、ランドスケープデザイン専攻のレアンドロはそんな支配感を敏感に察知する。快適、安全・安心、サステイナブル、といった規範が、公共スペースとなる屋外エリアの設計にも反映されているように感じる。再開発によって作られる公開空地は特にこの傾向が強い。

オットー・フォン・スプレッケルセン、ポール・アンドリュー「ラ・グランダルシュ」1989年
撮影：Coldcreation / en.wikipedia.org/wiki/File:La_Grande_Arche_de_la_Défense.jpg / CC BY-SA 2.5

デザインする行為というのは、何かを規定する行為でもある。そこには、デザインされたものを使う人をどこまで助け、どこからはその人の好きに任せるのか、という判断も関わってくる。

私の印象に強く残っているのは、パリ西端のラ・デファンス副都心に作られた「新凱旋門《ラ・グランダルシュ》」と呼ばれる超高層ビルの大階段だ。ビルの真ん中が空洞になっていて、シャンゼリゼ通りからこの建物を見る人は、視線がパリの軸線に沿って建物を通り抜けるよう、デザインされている。さて、この建物に入るには、前面の大階段を登らなくてはならないのだが、高所恐怖症の人間にはハードルが高い。手すりがまったくないのだ。

日本なら安全のために一ヶ所くらいは手すりを付けさせられそうなものだ。フランスでは、フォルムの純粋性にこだわる建築家の強い美意識が受け入れられる文化的土壌というのもあるのだろうが、基本的には、階段を安全に昇り降りするのはその人個人の責任だという、個人主義の意識が大きいのだと思う。むろん、身障者、高齢者のアクセスもしっかりなされていることが、条件になる。

転ばぬ先の杖的な配慮は、時として過保護になることもあるかもしれない。あるいはあらゆる可能性に対して予め責任を回避したデザインが、自己規制のように無意識に行われるようになっていく傾向もすでにあるのかもしれない。そしていつの間にか、プロトコルに支配された屋外空間が誰にとっても常識のようになっていく……。ちょうど、「やってはいけません」事項をズラリと並べた、昨今の公園の看板のように。

都市空間でのふるまいの作法が、萎縮や抑圧ではなく、個人の自発性や表現力の方に引っ張られていくようになるといいと思う。そのためには、レアンドロの言うように、建築家やランドスケープデザイナーがあえて野生の思考に切り替え、「こういうやり方もありますよ」と、人々を覚醒させてくれるデザインを実現してくれるのが一番いい。渋谷をはじめ、日本中の都市で進められている再開発に対し、何らかの方法でそのような介入が建築家によって行われていくことを望みたい。

エピローグ

建築的思考のプラットフォーム

建築教育のニューウェーブ

渋谷のスクランブル交差点に行くたび、外国人観光客たちの興奮を目の当たりにする。まわりのカフェやレストランの座席から交差点を見下ろす人々を見ていると、この開けたスペース一帯が、文字通り世界の人々が交差する光景を楽しむ場所になったと実感する。今やここは観光客にとって、有名建築よりも強烈な磁力を発しているかのようだ。

二〇一一年の東日本大震災で訪日外国人の数は一旦落ち込んだが、その後急にアクセルをかけられたように前とは違う勢いで増加している。それと連動しているのかどうか、日本に建築設計や都市計画専攻の学生を送り込んでくる北米とヨーロッパの大学院が増えている。特にアメリカが顕著で、日本でも知られる有名大学のほとんどが毎年レギュラーに大学院生の一群を送り出しているのではないかと思う。しかも単に建築や都市の見学ではなく、一週間とか二週間、東京などに滞在して設計課題に取り組むという、濃い体験をプログラムに組んでいるところが少なくないのだ。

海外の大学院が共通して日本研修をカリキュラムに入れる背後に、日本人建築家の国際的な人気があるのは間違いない。アメリカ東海岸・西海岸の建築専攻の大学院生たちも日本人建築家の最近の作品は押さえていて、チャンスがあれば見に行きたいと思っている。優れた建築を肌身で体験することの価値は計り知れないのだ。

だが、濃い体験をプログラミングしている大学院はたいてい、日本の都市や建築に見られる空間的な特徴、あるいは社会の現代的な課題を自分の目で見て調査し、自分の考察やアイデアを建築のデザインとして表現する、あるいは都市を論じる、といったテーマを設定している。世界的に見ると、日本は急速に近代化を遂げた後の複雑な状況に、一足先に入り込んだ国だ。社会の課題を通して建築や都市を考える、という進歩的な教育をするなら、日本は取り組み甲斐のある国なのだと思う。

日本を目指す海外研修ニューウェーブを作り出している大学院の中で、とりわけ熱心なのがハーバード大学デザイン大学院（Harvard University Graduate School of Design）、通称ハーバードＧＳＤである。ハーバードには有名なロースクール、ビジネススクールに並んでデザインスクールがある。政治、経済と同様、設計《デザイン》のジャンルで有能な社会人を養成しようという機関だ。「設計」には建築設計、都市計画、ランドスケープ（景観・造園）の三つのカテゴリーがあって、学生たちは三つの間をかなり自由に横断することができる。

ＧＳＤは二〇一二年以降、ほぼ毎年秋学期に一クラス十二人を東京に送り込み、三ヶ月強の短期留学をさせている。「スタジオ・アブロード（Studio Abroad）」という海外研修プログラムで、グローバルな人材を育てる手段の一つである。学生たちは海外の都市に赴き、その都市に住む著名な建築家について設計や都市論を学ぶ。例えば一九九七年からはほぼ毎年、一クラスの学生全員が、教授を務める建築家レム・コールハースが住むロッテルダムに滞在し、彼の指導のもとで中国の珠江デルタやアフリカ大都市ラゴスの研究、あるいは「建築のエレメント」（ヴェネツィア建築ビエンナーレ）、「カントリーサイド」（グッゲンハイム美術館展）といった調査研究を行ってきた。

スタジオ・アブロード・プログラムの行き先に東京が加えられたのは東日本大震災の翌年、二〇一二年だった。ハーバードGSDの大学院長であるモイセン・モスタファヴィ氏が、建築家の伊東豊雄氏をスタジオ・アブロードの教授に招聘したのだ。伊東氏が設計の課題に選んだテーマは震災復興。設計スタジオはまさに日本の特別な状況の中で建築、都市、ランドスケープを横断する思考を鍛える、特別な機会となった。そして二〇一五年以降、東京はスタジオ・アブロードの行き先として定着している。

東京スタジオ・アブロードでは、建築設計と並行して構造設計、デジタル技術を使った設計、都市論も教えられている。設計をする人間の視野の広さを重んじるGSDの精神が、ここにも表れている。建築設計のスタジオは伊東氏、構造エンジニアリングのセミナーは金田充弘氏［★1］、デジタル技術や新素材を使った設計は小渕祐介氏［★2］、都市論は私、という分担である。二〇一九年春学期には建築家・藤本壮介氏を中心とする東京スタジオ・アブロードも始まった。

★1　構造エンジニア。世界的エンジニアリング・コンサルタント「アラップ」のシニアアソシエイト。東京芸術大学美術学部准教授。2002年、銀座のメゾンエルメスで松井源吾賞受賞。

★2　東京大学准教授。専門は建築設計・コンピュテーショナルデザイン。2010年までロンドンのAAスクール Design Research Laboratory共同ディレクターを務める。

プラットフォームとしての白熱教室

伊東豊雄氏の設計スタジオは二〇一五年以降、愛媛県大三島の過疎化をテーマに具体的な提案を作るという、リアルな設計プロセスを体験するものになっている。学生全員が大三島で合宿し、島の人々とも直接触れ合いながら、社会的課題を直に受け止めて東京に帰る。学期の終わりには島を活性化するための具体的なアイデアとデザインを提案するのだが、中には伊東氏に認められて実現されることになった案もある。

一方、私が担当する東京セミナーは対照的に日本の都市ないし東京の社会的課題に焦点を当ててきた。今現在起こっている大都市の現象や変化を、建築・都市・ランドスケープに限らず社会全体の多様な視点から見つめ、議論し、対策を提案する。自主的なリサーチを続けながら、毎週一回のゲストレクチャーやディスカッションに参加する。ゲストレクチャーには、テーマとなる都市の変化に何らかの形で関わっている当事者をお呼びし、独自の立場から経験や知識を話して頂いている。たいていは学生たちの質問が止まらず、活発な議論になるので時間延長となる。学期の最後には、現状を掘り下げた上での前向きな提案を、論文とビジュアル・プレゼンテーションにまとめ、また全員で議論する。

二〇一六年の東京セミナー「渋谷の未来」は、大規模な都市再開発がその街および東京全体にどんなインパクトをもたらすのかというテーマに、多角的に取り組むというものだった。秋学期の三ヶ月間、リサーチと聴講と議論を続けた後に作られた、十二人のアイデア・プロポーザルの中から選んだ優秀案・ユニーク案が、本書に紹介した五案である。

この東京セミナーを私は教育現場を活用したプラットフォームとして捉えている。ほぼ毎週、テーマに関わりを持つさまざまな立場の人に、そのテーマに対する自らの視点、経験、知識を話していただく。「渋谷の未来」では再開発に関わる人々、あるいはすでにさまざまな立場で渋谷の街と関わり、あるいは街の状況を分析してきた次の方々からお話を伺った。

渋谷の街を育てたデパートのコーペティション――松下希和（建築家・芝浦工業大学教授）
東京の私有公共スペース――クリスチャン・ディマー（都市政治学・早稲田大学助教）
渋谷の地形的特徴をどう生かすか――石川初（ランドスケープアーキテクト・慶應義塾大学ＳＦＣ教授）
都市再開発の新しいビジョンとアプローチ――内藤廣（建築家・渋谷駅中心地区デザイン会議座長）
零度の仮設都市――真壁智治（プロジェクトプランナー、エム・ティ・ヴィジョンズ主宰）
渋谷のふるまい学――塚本由晴（建築家・東京工業大学教授）
巨大建築・都市再開発論――藤村龍至（建築家・東京藝術大学准教授）
渋谷の公共スペース――岡部明子（公共空間学・東京大学教授）
サブカルチャーの定点観測――高野公三子（パルコ「アクロス」編集長）

（実施順・敬称略）

都市セミナーでは同じ現状に関する多様な声にじかに接し、貴重なインプットを蓄積していく。学生たちはそこから自らのアウトプットを作り出す。そのアウトプットがこうして本書を通して外部の人々に共有されることで、渋谷の未来をめぐる議論が間接的にせよ教室から広がっていくわけで、これは学生たちと私にとって望外の喜びである。

大学院はニュートラルな教育の場である。だから、社会のさまざまなセクターや産業と比較的自由に接続することができ、独自の生産性を持ち得ると私は考えている。大学院の教室が一つのプラットフォームとなり、そこでさまざまなジャンルや立場の人々が都市の課題を共有し、ともに考え、議論し、新しいアイデアを生み出していくといった、インプットとアウトプットのサイクルを生み出す場となれば、そこで社会に連動した人材教育が可能になるだろうし、企業も自治体も学者たちも、柔軟性と自由度を持つ研究開発の場所を獲得できることになると思うのだ。

建築的思考によるコミュニケーション

建築・都市・ランドスケープという、日本でいえば工学系の大学院生に可能なのは、建築的思考を使って社会的課題に取り組み、柔軟な発想で新しいアイデアや考え方を人々に示し、提案することである。ここでいう建築的思考とは、いわば建物をデザインする時に使う思考回路でものを考える、という意味だ。モノや空間のスケール、スケール感、建物と周囲との関係、場の雰囲気や性格、社会的・歴史的な背景、そこで人々はどう動き、ふるまい、どんな体験をするか、といったことを、空間的に考えるわけである。さらに、言葉だけでは伝達したり議論するのが難しいことを、わかりやすく視覚的に表わすという技術も極めて有効になる。
東京セミナーで大事にしているのが、公平性である。ものごとを相反する立場から検証するまでは、自分のポジションを決めない。「渋谷の未来」についても、そのことがとても大事だった。古いものが新しいものに置き換わる時、反発や批判は必ず起こる。だが、渋谷の街の近過去を振り返ると、企業の力によって街の内容が次々に更新されていくという、活発な新陳代謝のプロセスから独特の個性が育まれてきたことがわかる。進行中の再開発はその延長線上にあるものと考えることもできる。

ところが、社会の基本構造と価値観そのものが大きく転換し始めた。二十世紀的な都市観で未来の都市を作って果たして維持できるのか。新しいものの中に「みんなが求める新しさ」が入っているのかどうか。そうした根本的な議論が必要となってきている。とりわけ、都市の公共スペースをめぐる議論は、都市のガバナンスの対象として多様性と寛容性の実現が世界的に求められ始めた今、避けては通れないものになっている。

経済、モビリティ、介護、ライフスタイル――社会のさまざまな場面で、共有すること、分かち合うことに価値が見出される時代になった。都市空間はいわば社会そのものである。社会を構成するあらゆる人々が自立性を尊重されつつ、モノやコトを積極的に共有していけるような都市環境、都市空間が、これからますます求められていくだろう。GSD東京セミナーでの議論が、渋谷の未来をより豊かなものにするための公平で生産的な議論へのきっかけになればと思う。

謝辞

本書は数多くの方々の協力によって実現することができた。そのすべての方に、この場を借りて心からのお礼を申し上げたい。

渋谷の街の身体性を独自の方法で観察し、「アーバン・フロッタージュ」という作品にもされたプロジェクトプランナーの真壁智治さんには、GSD東京セミナーでお話し頂くとともに、本書が生まれる糸口を作って頂いた。セミナーではまた、225頁に列記した豪華な顔ぶれの方々にも貴重なお話を聞かせて頂いた。学生たちはこの上なく恵まれていたと思う。ただ、十名の方々の講義がここに掲載できないのが心残りである。

東京セミナーではまた、スタジオ・アブロードを指導された建築家の伊東豊雄さん、伊東事務所の太田由真さん、伊東建築塾の古川きくみさん、そして竹中工務店の方々にも力強く支えて頂いた。

GSD大学院生5人の提案の背景をまとめるにあたっては、東京大学で建築を専攻する高木麟太朗さん、野田早紀子さん、南佑樹さんに入念なリサーチとブレストへの参加をお願いした。この三人をご紹介くださったのは須田栄太郎さんである。

本書をデザインされたマツダオフィスの松田行正さん、倉橋弘さんは流石のエディトリアルデザイン力であり、本書のクオリティを上げて頂いたのは間違いない。

CCCメディアハウスの鶴田寛之さんに本書を出版する機会を与えて頂いたことで、GSDの教育の成果を教室の外に広く伝えることが可能となった。同社の山本泰代さん、編集者の今井章博さんにも多大なご尽力を頂いた。

最後に、モイセン・モスタファヴィ ハーバード大学デザイン大学院長と同大学院のジェニファー・シグラー編集部長が本書の実現に協力を惜しまれなかったことも記しておきたい。

このすべての方々の誠意とご厚意に対し、深く感謝の気持ちをお伝えしたい。

筆者一同

撮影者クレジット

p.176
①Palickap / commons.wikimedia.org/wiki/File:Roma,_Piazza_Navona_(1).jpg#filelinks / CC BY-SA 4.0
②Maria Eklind / commons.wikimedia.org/wiki/File:Paris_75001_Rue_Saint-Honoré_Sidewalk_café.jpg / CC BY-SA 2.0
③Ingfbruno / commons.wikimedia.org/wiki/File:USA-NYC-Central_Park-The_Mall.JPG / CC BY-SA 3.0
④kcomiida / commons.wikimedia.org/wiki/File:Shibuya_Town_in_2008_Early_Spring_-_panoramio_-_kcomiida_(7).jpg / CC BY-SA 3.0

p.178
③ Dick Thomas Johnson / commons.wikimedia.org/wiki/File:Shibuya_Halloween_2017_(October_31)_(38848549505).jpg / CC BY 2.0
⑤ Guilhem Vellut / flickr.com/photos/o_0/15053988148 / CC BY 2.0
⑥ chensiyuan / commons.wikimedia.org/wiki/File:1_shibuya_crossing_2012.jpg / CC BY-SA 4.0

p.179
⑦ Jordi Sanchez Teruel / commons.wikimedia.org/wiki/File:Harajuku_flea_market_2011_(6451242167).jpg / CC BY-SA 2.0
⑧ Rs1421 / commons.wikimedia.org/wiki/File:Illumination-in-Omotesando-2010-03.jpg / CC BY-SA 3.0
⑨ MIKI Yoshihito / flickr.com/photos/mujitra/8150639513 / CC BY 2.0
⑩ Nori Norisa / commons.wikimedia.org/wiki/File:SOUL GAUGE アコースティックギター 全米コンテスト TOP5入賞 2013 (9580106825).jpg / CC BY 2.0
⑪ Dick Thomas Johnson / commons.wikimedia.org/wiki/File:1対1 2016 渋谷西武 (32552875642).jpg / CC BY 2.0

p.046, 047, 048, 049, 050, 057, 094
地の写真：Google Earth（2016年）

Alice Armstrong　**アリス・アームストロング**
ハーバード大学デザイン大学院を2018年に卒業。建築修士。現在はサンフランシスコ在住の建築デザイナーとして、公共機関や社会的企業（社会的課題に取り組む事業体）の委託によるプロジェクトに携わっている。

Philip Poon　**フィリップ・プーン**
ハーバード大学デザイン大学院を2018年に卒業。建築修士。現在はニューヨークで建築デザイナーとして活動。二極化、階層化が進むアメリカで、少数派の文化を支える建築を探求。日本、オランダ、スイスの設計事務所での勤務経験も持つ。

Emily Blair　**エミリー・ブレア**
ハーバード大学デザイン大学院を2017年に卒業。ランドスケープ建築修士。現在はバンクーバーのランドスケープデザイン事務所に勤務し、公園設計、地域計画、複合開発に取り組む。都市に力強い公共スペースを作る方法を模索中。

Laura Faith Butera　**ローラ・フェイス・ブテラ**
ハーバード大学デザイン大学院を2017年に卒業。建築修士。現在はフィラデルフィアの都市設計事務所スカウト・リミテッド勤務。廃校となった学校建築を生き返らせ、クリエイティブ産業や小規模ビジネス向けの空間に替える仕事に携わる。

Leandro Couto de Almeida
レアンドロ・コウト・デ・アルメイダ
ハーバード大学デザイン大学院を2017年に卒業。ランドスケープ建築修士。現在はランドスケープ・アーキテクトとして活動。都市における社会的な平等を促進し、維持可能な環境にしていくランドスケープデザインのあり方を模索している。

著者 太田佳代子
建築キュレーター。2015年よりハーバードGSD東京セミナー講師。カナダCCAの日本プログラム「CCA c/o Tokyo」キュレーター。2002年から10年間、オランダの建築・都市設計事務所OMAのシンクタンクAMOでキュレーター、編集者を務める。建築的思考を介した社会的テーマのリサーチ、展示企画、編集が専門。2014年ヴェネツィア建築ビエンナーレ日本館コミッショナー。おもな編書に『Project Japan: Metabolism Talks…』（Taschen 2011、平凡社2012）、『Post-Occupancy』（Editoriale Domus、2006）、共訳書に『S,M,L,XL+』（筑摩書房2015）、展覧会に「Cronocaos」（2010）、「The Gulf」（2006）、「Content」（2003-2004）など。雑誌「Domus」副編集長・編集委員（2004-07）。

ブックデザイン　マツダオフィス
リサーチ協力　高木麟太朗、野田早紀子、南祐樹、横山由佳
イラストレーション　小野山賀恵
校正　株式会社 文字工房燦光

ハーバード大学デザイン大学院（GSD）
2016年秋学期東京スタジオ・アブロード

Alice Armstrong
Emily Blair
Lanisha Blount
Laura Faith Butera
Leandro Couto de Almeida
Jia Joy Hu
Elaine Yolam Kwong
Qi Xuan Li
Siwen Ma
Thomas McMurtrie
Philip Poon
Chang Zong （アルファベット順）

SHIBUYA!
ハーバード大学院生が
10年後の渋谷を考える

2019年5月1日 初版発行

著 者 ハーバード大学デザイン大学院、太田佳代子
発行者 小林圭太
発行所 株式会社CCCメディアハウス
〒141-8205 東京都品川区上大崎3丁目1番1号
電話 03-5436-5721（販売）
03-5436-5735（編集）
http://books.cccmh.co.jp
印刷・製本 株式会社新藤慶昌堂

ISBN978-4-484-19208-6